WeDo 2.0智能机器人编程

（科学启蒙）

上册

达内童程童美教研部　编著

電子工業出版社
Publishing House of Electronics Industry
北京·BEIJING

图书在版编目（CIP）数据

WeDo 2.0 智能机器人编程：科学启蒙：全 2 册 / 达内童程童美教研部编著. —北京 : 电子工业出版社，2018.6

ISBN 978-7-121-34396-4

Ⅰ.① W⋯ Ⅱ.①达⋯ Ⅲ.①智能机器人－程序设计－少儿读物 Ⅳ.① TP242.6-49

中国版本图书馆 CIP 数据核字（2018）第 122900 号

策划编辑：蔡 葵
责任编辑：徐 磊
印　　刷：北京缤索印刷有限公司
装　　订：北京缤索印刷有限公司
出版发行：电子工业出版社
　　　　　北京市海淀区万寿路 173 信箱　邮编：100036
开　　本：787×1 092　1/16　印张：10.5　字数：252 千字
版　　次：2018 年 6 月第 1 版
印　　次：2021 年 7 月第 10 次印刷
定　　价：69.90 元 (全 2 册)

凡所购买电子工业出版社图书有缺损问题，请向购买书店调换。若书店售缺，请与本社发行部联系，联系及邮购电话：（010）88254888，88258888。

质量投诉请发邮件至 zlts@phei.com.cn，盗版侵权举报请发邮件至 dbqq@phei.com.cn。

本书咨询联系方式：（010）88254595，xdhx@phei.com.cn。

序

2016年5月，由中共中央、国务院发布的《国家创新驱动发展战略纲要》指出："创新驱动是国家命运所系。国家力量的核心支撑是科技创新能力。""科技和人才成为国力强盛最重要的战略资源。"培养更多的具备科学素养，具有创新能力、独立思考能力的人才是当前教育工作的重中之重！

达内集团童程童美作为少儿STEAM教育行业的领军企业，针对6到18岁的青少年推出了智能机器人编程全套课程，整个课程体系知识完整，进阶清晰，设计合理。本书作为该套课程的配套教材，童程童美教研部的老师们花费了大量心血，从初稿、二稿、终稿到一审、二审、终审，层层把关，确保把优质的机器人课程教材呈献给广大读者。

每节课包括以下几部分内容。

扩展知识：通俗地介绍本节课涉及的百科知识，如物理、化学、天文、地理、数学、历史等学科。

搭建知识：重点介绍本节课搭建作品中的核心结构，而不是采用分步骤搭建图的方式呈现，目的是不限制小读者的思维，充分发挥大家的想象力、创造力。

编程知识：重点介绍本节课学习的新的编程模块，深度剖析，举一反三。同时还会介绍一些编程技巧，以及如何养成良好的编程习惯。

试一试：根据任务要求，小读者可以尝试着画出程序流程图。编程思维的培养重点在于是否能理解程序的思路，而不是掌握编程步骤，所以会画流程图很重要！

练一练：在每一节课的末尾设计了有探索性和延展性的课后习题部分，小读者可以通过查资料或者复习的方式找到答案，从而达到温故知新的效果。

机器人课程的教育宗旨是"边做边学"，所以在学习本书时，小读者应该边搭建、边思考、边编程、边探索，这样，本教材才会发挥其最大的作用。

最后，希望小读者们都能够从本书中获得快乐，并且学到很多东西！人工智能的时代来了，让机器人陪伴中国儿童一起成长。

前 言

这是一本指导中国青少年(尤其是小学一年级左右的学生)探究、学习机器人的书籍，全书引领学生独立探索问题，让学生多思考、多动脑，结合每节课丰富有趣的机器人作品，让学生在开心、快乐的氛围中学习知识。

本书将带领学生了解和学习不同学科的知识，结合小朋友们在生活中常见的动物及事物，分析它们的结构及功能，过程中会学习到包含生物学、机械学、物理学、数学、设计学等一系列的学科知识，从学生能理解的角度出发去解析、设计课程，让学生带着兴趣去探索未知，真正做到“玩中学”，不仅开心，还可以收获很多知识，提高各方面的能力。

机器人课程旨在培养学生具备解决未知问题的能力，不论是在今后的学习、工作还是生活过程中，人人都会遇到未知问题，如何有效地解决未知问题，考验的不单单是学生某一门知识或某项能力，而是综合的知识与能力。本书中每一节课的任务都是一个未知问题，通过循序渐进的学习，不断提升学生各个领域的知识和综合能力。

机器人课程具体提高学生的哪些能力呢？学生们首先要分析问题（分析能力），发挥想象力、创造力（创新能力），利用学习到的知识，设计解决方案（设计能力），动手实现（动手能力），在实现的过程中，必然会遇到问题、错误，及时纠正，不断尝试（受挫力、耐心），同时与他人合作（团队协作能力、沟通表达能力），最终完成作品。所以机器人课程就是在不断地培养学生去解决一个个未知问题，在这个过程中，学生可以学习到多学科知识，同时锻炼多方面的能力！

本书每节课包括课前引导说明、扩展知识、搭建知识、任务分析、编程知识、练一练、晒一晒七个环节，更加科学、合理地去设计每节课。接下来为大家介绍每一个环节的作用：

课前引导说明：帮助学生快速了解本节课的重点内容；

扩展知识：让学生了解与本节课作品相关的一些生活中的物理、生物、数学方面知识、常识；

搭建知识：讲解本节课作品搭建过程中，所要用到的物理、机械方面的知识点，在了解重点结构的基础上，鼓励学生自主设计机器人的外观及传动装置等；

任务分析：针对低龄学生，拆分任务，让学生更清晰、直接地了解机器人的运行过程；

编程知识：讲解每节课的机器人作品，在编写程序时涉及的新知识点和难点，帮助学生理清思路，循序渐进地掌握机器人的编程逻辑；

练一练：通过课后练习题，帮助学生巩固本节课的知识；

晒一晒：完成任务后，将学生与作品的合影贴于此处，保留精彩瞬间。

作者期望通过精心的设计和编写，不断地修改和完善，提升本书的品质。愿本书陪伴学生，在开心愉悦的氛围中收获知识，提高独立分析问题、解决问题的能力，让机器人伴随中国儿童健康、快乐地成长。

编著者

目　录

WeDo 体验课 01 引入讲解

引入本节课的主题

WeDo 体验课 02 知识讲解

讲解相应的知识点

WeDo 体验课 03 作品搭建

根据提示和引导搭建本节课的作品

WeDo 体验课 04 任务分析

分析编程思路

WeDo 体验课 05 编程讲解

程序编写及调试

WeDo 体验课 06 合作搭建

锻炼学员的合作能力，将搭建好的作品连接起来

WeDo 体验课 07 合作编程

锻炼学员的合作能力，让两个机器人共同完成任务

WeDo 体验课 08 作品展示

锻炼语言组织能力、语言表达能力

第 1 课 足球运动员

小朋友们好，我是童童。这节课，我要带大家搭建一个踢足球的机器人：我们会用到教具里面的集线器和电机，还会用到平板电脑来给机器人编程让它动起来。好了，赶紧开始我们的课程吧！

扩展知识

童童，我们快点搭建机器人吧！

创创，别着急，我先给大家讲一讲足球小知识。

足球的历史

足球运动是一项古老的体育活动，源远流长。最早起源于我国古代的一种球类游戏蹴鞠（cù jū）。后来经过阿拉伯人传到欧洲，发展成现代足球。

足球怎么玩

标准的足球比赛由两队各派 10 名球员与 1 名守门员，共 11 人，在长方形的草地球场上对抗、进攻。

搭建知识

小朋友们，讲完足球小知识，我们要开始搭建机器人了。创创，你知道机器人是怎样动起来踢足球的吗？

呃……，这个我真的不知道……

其实，机器人必须有电才能动！电能让机器人的电机运动起来，这样机器人就能踢足球了。我们搭建机器人会用下面的电机！

电能 → 机械能

电机就像机器人的肌肉，它给机器人提供动力。

任务分析

童童，机器人搭建完了，电机通电了，为什么它还是不能动呢？

那是因为没有程序呀！下面我们就要给机器人编程了。程序是机器人的思想，它会告诉机器人该怎样去踢足球，没有程序的指引机器人是不会动的。

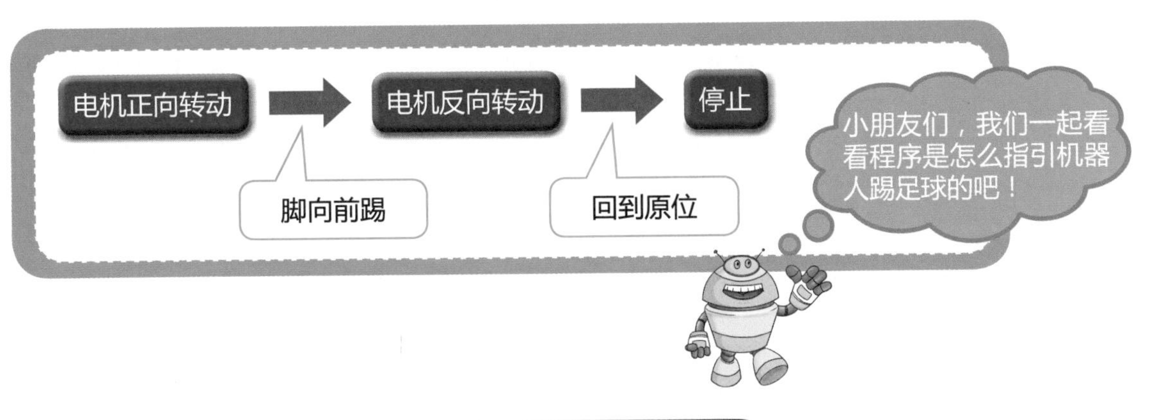

编程知识

小朋友们，根据上面的任务分析和老师的讲解，我们一起把下面的图补充完整吧！

在方框中的括号内填写正确的序号将程序补充完整。

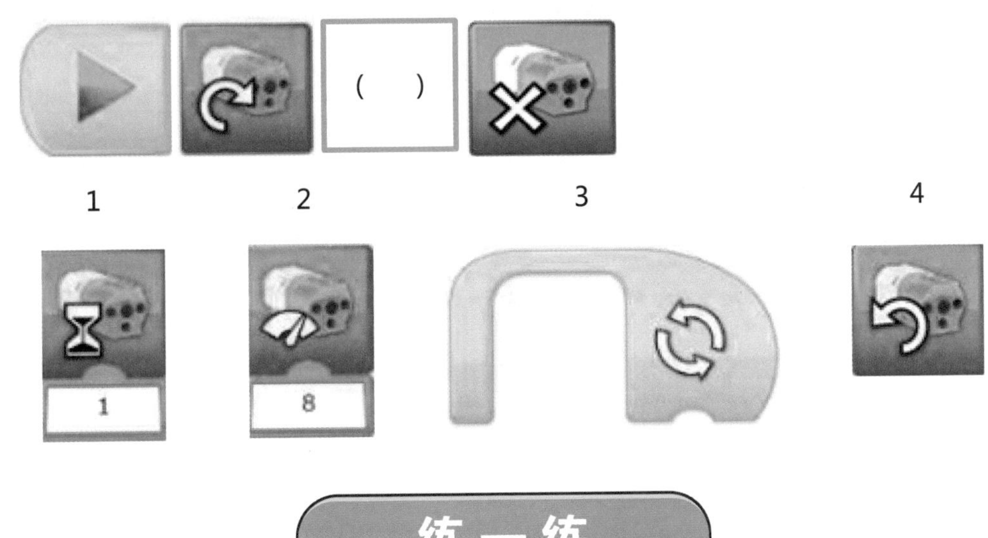

练一练

小朋友们，今天的课程结束了，我们一起来做几个小练习吧！

1. 古代足球最早起源于哪个国家？（　　）

A.

B. 

C. 

2. 判断  模块是怎样转动的？（　　）

A. 顺时针转动

B. 逆时针转动

3. 连一连：小朋友们，你们可以把下面的足球运动员和他们的名字连起来吗？

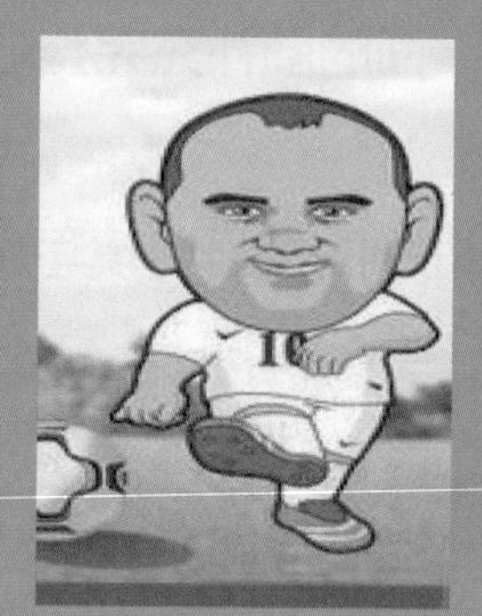

C罗

鲁尼

梅西

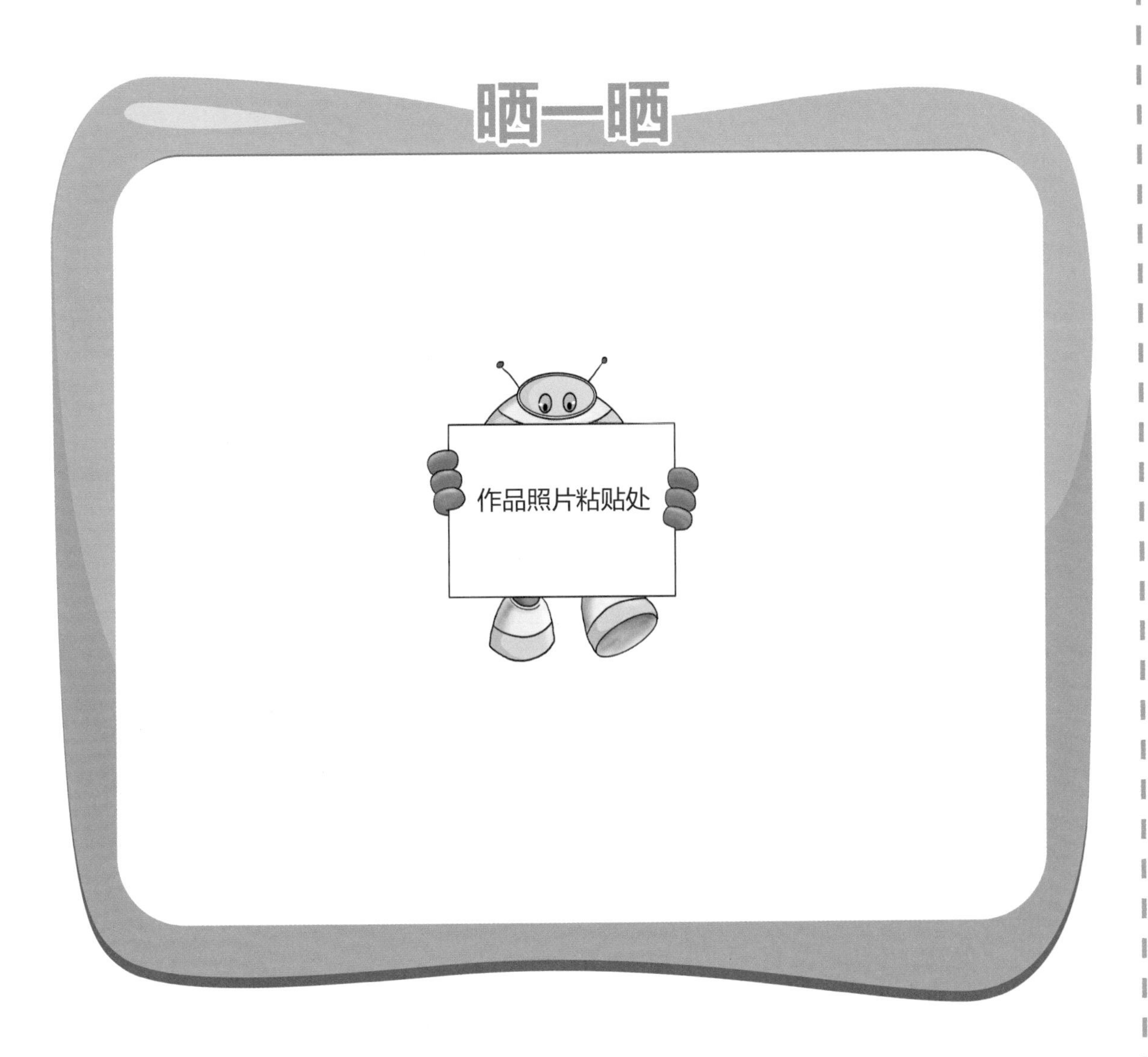
晒一晒
作品照片粘贴处

第 2 课 拔河比赛

小朋友们好，这节课我要带大家用教具里面的集线器和电机搭建一个拔河的机器人，还会用到平板电脑来给机器人编程，让它可以参加拔河比赛。好了，赶紧开始我们的课程吧！

扩展知识

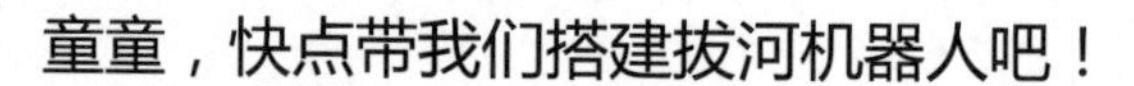

童童，快点带我们搭建拔河机器人吧！

创创，先别着急。我先给大家讲一讲拔河小知识。

拔河的历史

两千多年前，中国春秋时期的楚国有很多河流，所以楚国的军队很擅长水战。那时候楚国的水军有一个绝招：当敌军败退的时候，楚国的船就会用钩子勾住对方的船把它往回拉，后来这个绝招就演化成一种游戏，并从军队流传到了民间，就是现在人们玩的拔河游戏。

搭建知识

小朋友们，讲完拔河小知识，我们就要开始搭建机器人了。创创，你知道怎样才能赢得拔河比赛吗？

嗯……，要有很大的力气！

没错，拔河比赛就是看谁的力气最大！那你知道世界上力气最大的人是谁吗？

呃……，这个真不知道……

力气最大的人

出生在波兰的马瑞斯，曾经将重达 40 吨的 C-130 运输机拖出最远距离并 5 次获得世界大力士比赛的冠军，是当之无愧的世界上力气最大的人。

太厉害了！那我们怎样才能让机器人也变成大力士呢？

上节课我们学习了电机给机器人提供动力。改变电机功率可以控制机器人力气的大小哦！

任务分析

童童，机器人搭建完了。怎样编写程序才能让机器人成为大力士呢？

先别急，我们先看看机器人是怎么进行拔河比赛的。

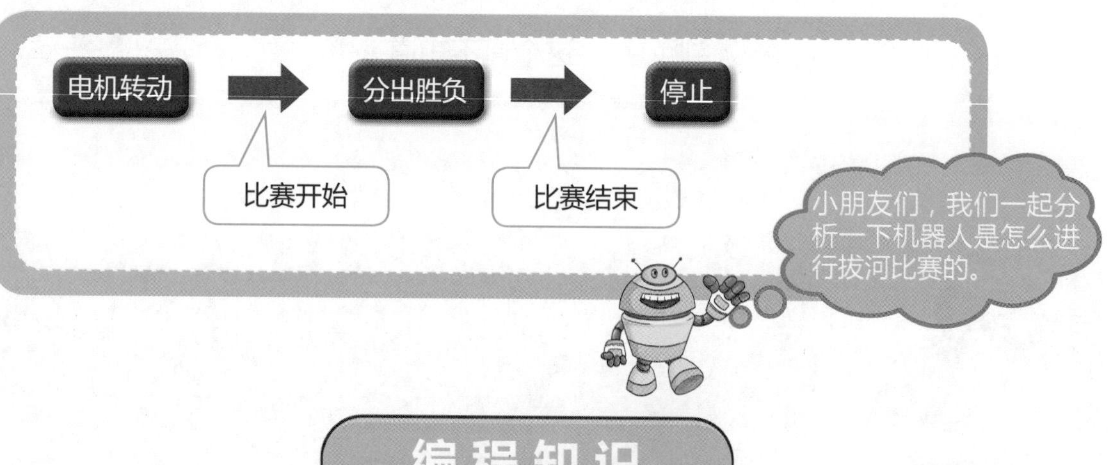

编程知识

小朋友们，根据上面的任务分析和老师的讲解，我们一起把下面的图补充完整吧！

在方框中的括号内填写正确的序号将程序补充完整。

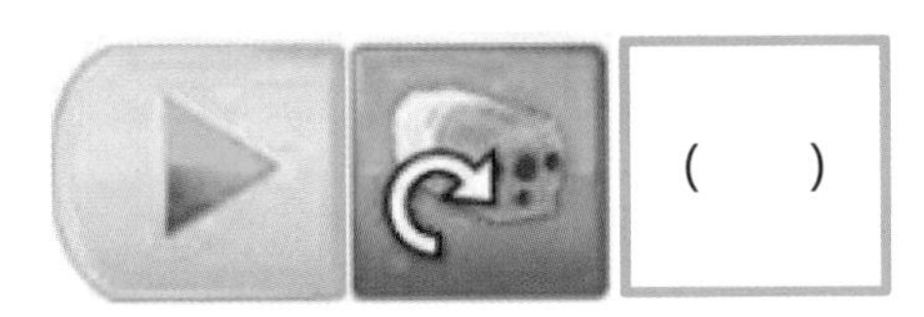

1　　2　　3　　4

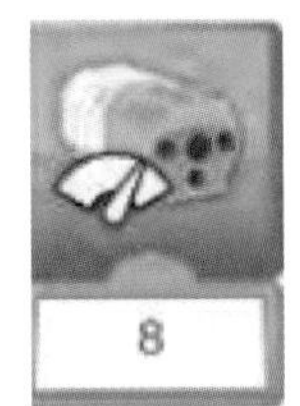

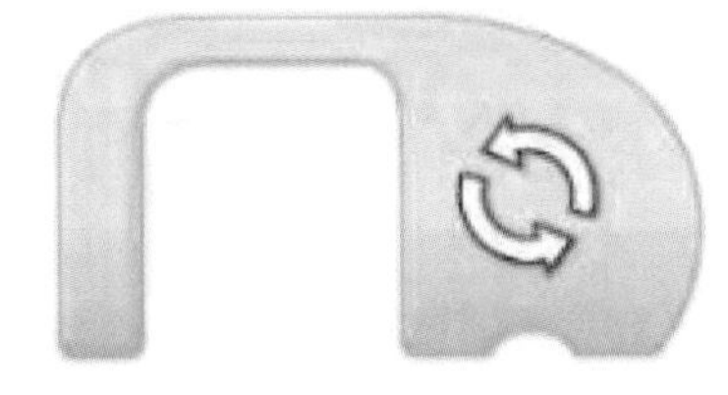

练一练

小朋友们，今天的课程结束了，我们一起来做几个小练习吧！

1. 拔河最早起源于哪个国家？（   ）

A. 　B. 　C. 

2. 下面电机模块中，哪一个表示的功率最大呢？（   ）

A. 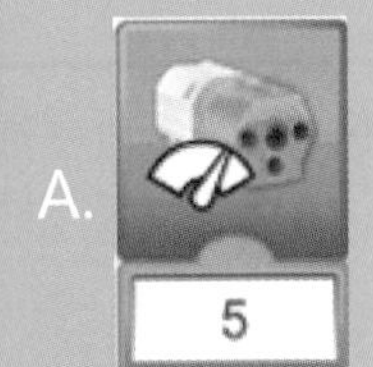

B. 

C. 

3. 世界上力气最大的人是？（   ）

A．贝克汉姆　B. 马瑞斯　C. 大卫

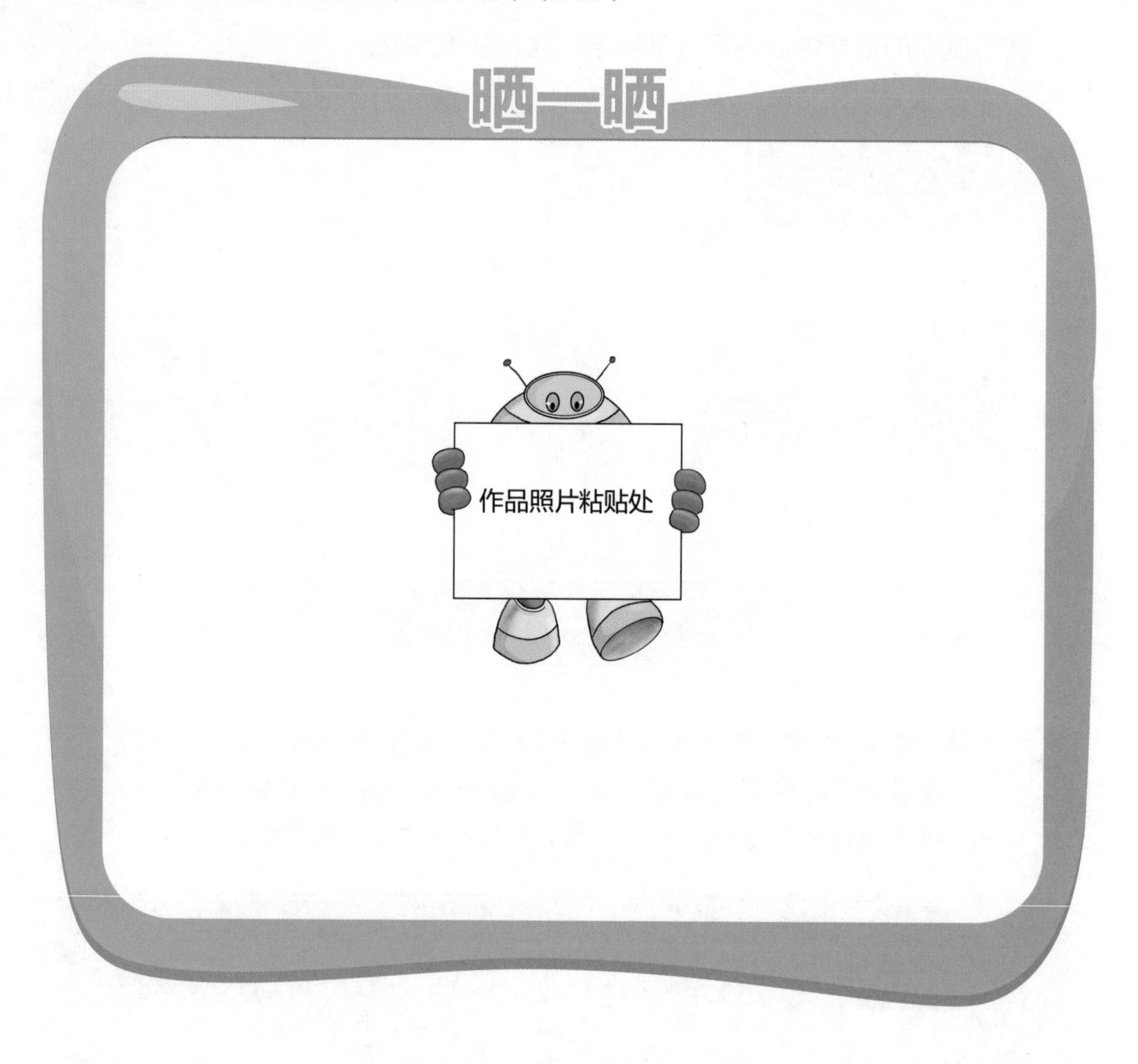
晒一晒
作品照片粘贴处

第 3 课 安检仪

小朋友们好，这节课我要带大家用教具里面的集线器和电机搭建一个安检仪，还会用到平板电脑来给机器人编程让它进行工作。好了，赶紧开始我们的课程吧！

扩展知识

童童，地铁和机场为什么都要有安检仪呢？

那我们还是一起来看看安检仪有哪些作用吧！

安检仪的作用

安检仪不仅在机场很常见，现在的娱乐场所也是不可缺少的。有了具有安检仪的安检机，公共场所的安全性也得到了提高。对于人员比较多的场所，安检仪是必须有的，也是为了防止不法分子行凶作案。为了减少事故的发生，避免人员伤害和财产损失，现在安检机已经成了公共管理的工具。

搭建知识

小朋友们，讲完安检仪知识，我们就要开始搭建机器人了。创创，你知道安检仪是怎样动起来的吗？

嗯……我觉得是用到了皮带传动的知识。

没错，这节课我们利用了皮带传动，让我们来看看皮带传动的优缺点都有哪些吧！

皮带传动的优缺点

优点：1. 工作时传动平稳无噪声。
2. 工作中如遇到过载，皮带将会在皮带轮上打滑，可防止薄弱零部件损坏，起到安全保护作用。

缺点：1. 靠摩擦力传动，不能传递大功率。
2. 传动中有滑动，不能保持准确的传动比，效率较低。
3. 皮带磨损较快，寿命较短。

任务分析

童童，安检仪搭建完了。怎样编写程序才能让我们的安检仪动起来呢？

先别急，我们先看看安检仪是怎么工作的。

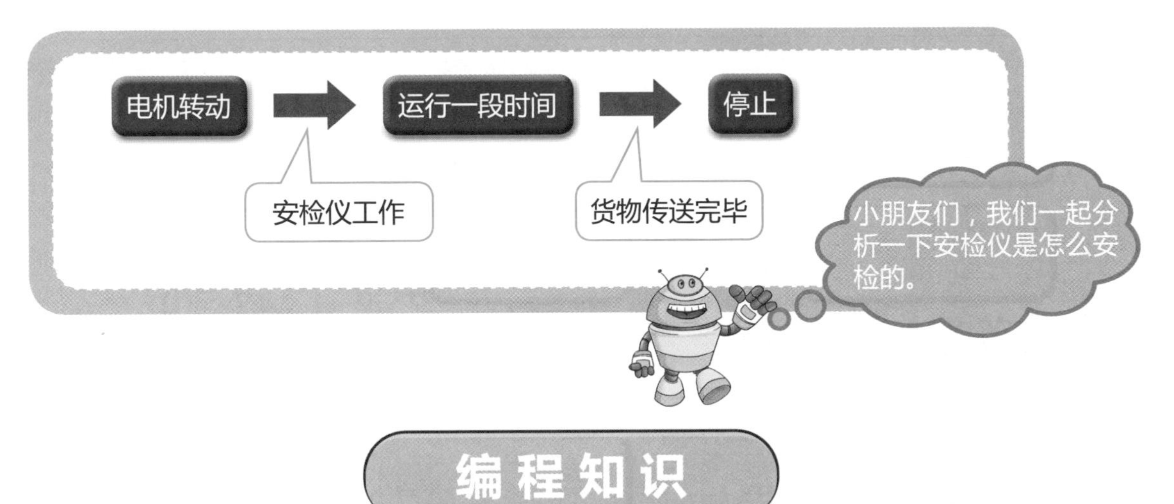

编程知识

小朋友们，根据上面的任务分析和老师的讲解，我们一起把下面的图补充完整吧！

在方框中的括号内填写正确的序号将程序补充完整。

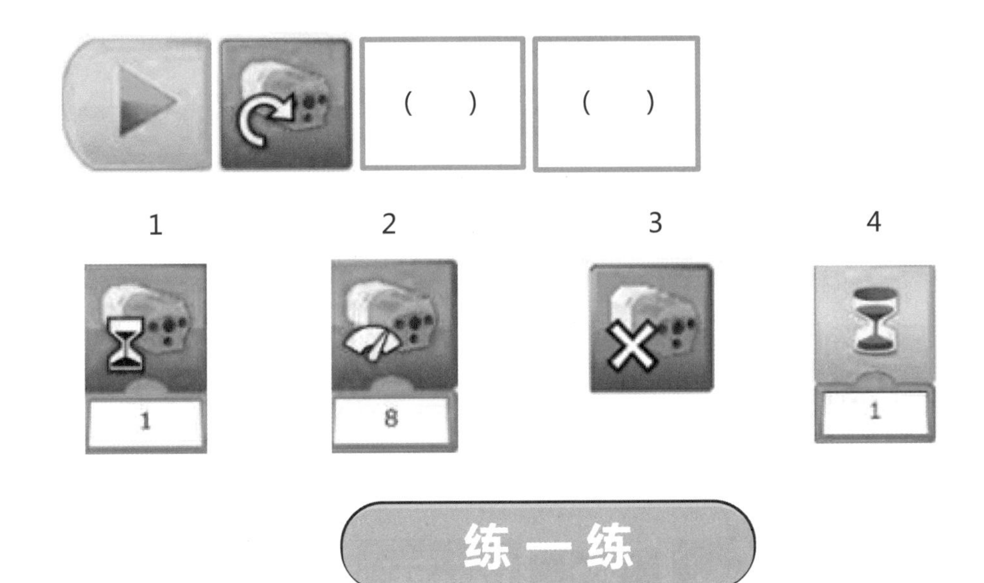

练一练

小朋友们，今天的课程结束了，我们一起来做几个小练习吧！

1. 安检仪用到下面哪个知识点？（ ）

A. 齿轮加速　　B. 皮带传动　　C. 杠杆

2. 下面哪个模块是代表电机转动的时间（ ）

A. 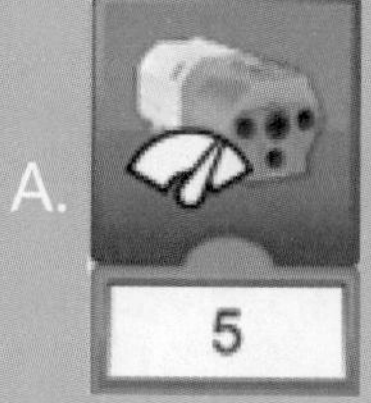

B. 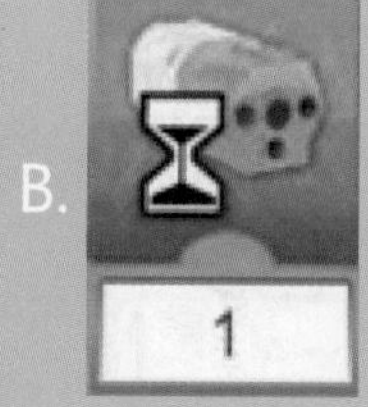

C. 

3. 判断下面哪些不属于皮带传动的优点？（ ）（多选）

A. 省电　　B. 工作时传动平稳无噪声　　C. 打滑减小功率

晒一晒

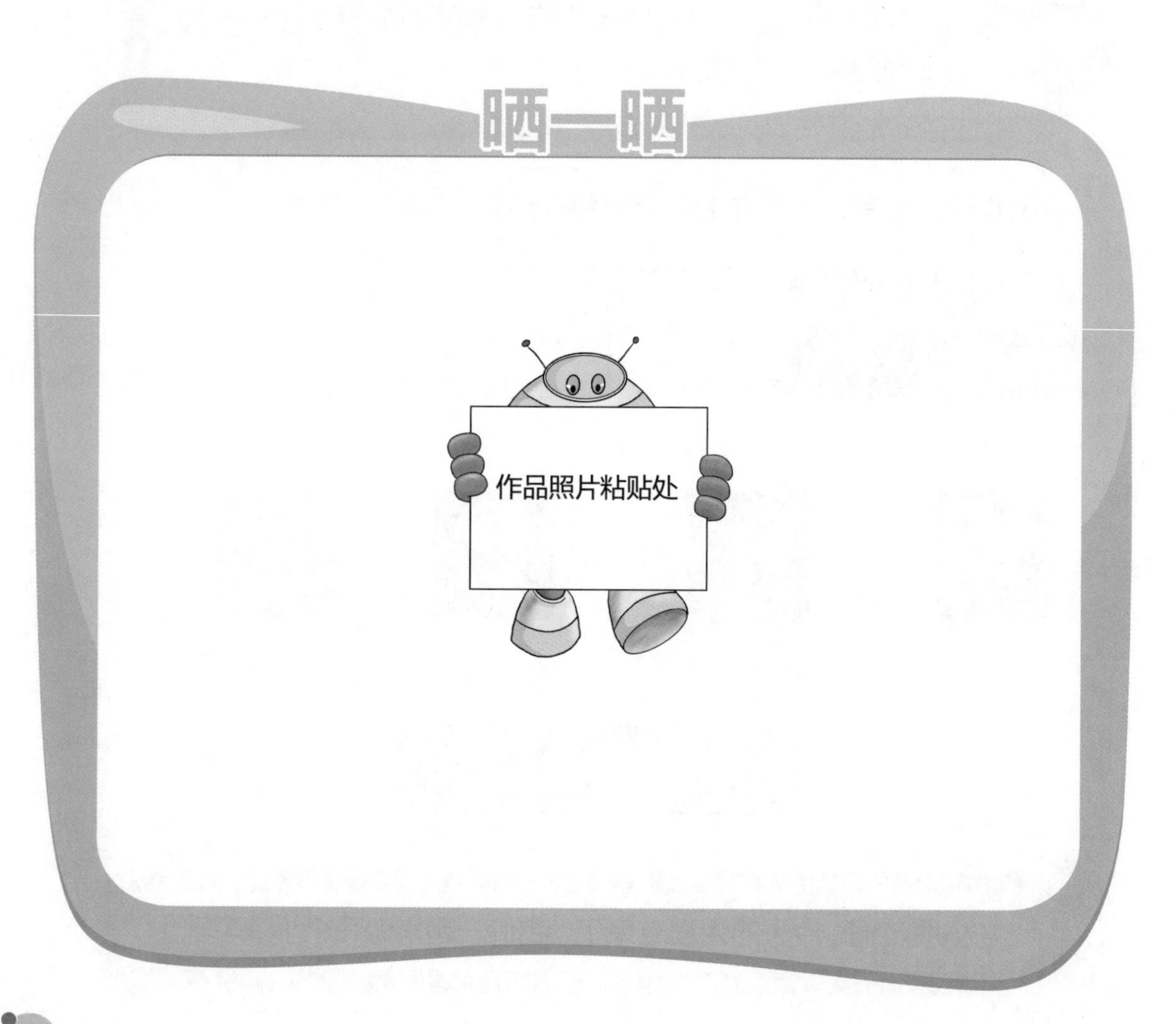

第 4 课 车库门

小朋友们好，这节课我要带大家用教具里面的集线器和电机搭建一个车库门，还会用到平板电脑来给机器人编程让它工作起来。好了，赶紧开始我们的课程吧！

扩展知识

童童，我看到的车库门都不太一样！车库门也有很多种类吗？我们常见的有哪些呢？

没错，车库门也分很多种类，我们常见的车库门有两种，一种是遥控式车库门，另一种是感应式车库门。

常见的车库门

遥控式车库门：当车行驶到车库门面前的时候按下遥控器的按键，车库门就会开启了。

感应式车库门：它是一种很智能的车库门，当车行驶到车库门面前的时候，车库门就会自动开启。

搭建知识

小朋友们，了解了常见的车库门，我们就要开始搭建了，我们要搭建的是遥控式车库门。在今天的搭建中我们要学习的知识依然和皮带传动有关。

在以往的课程中我们学习了皮带传动的起源、应用，以及它的优缺点，那么今天我们还要学习有关皮带传动的哪些知识呢？

皮带传动

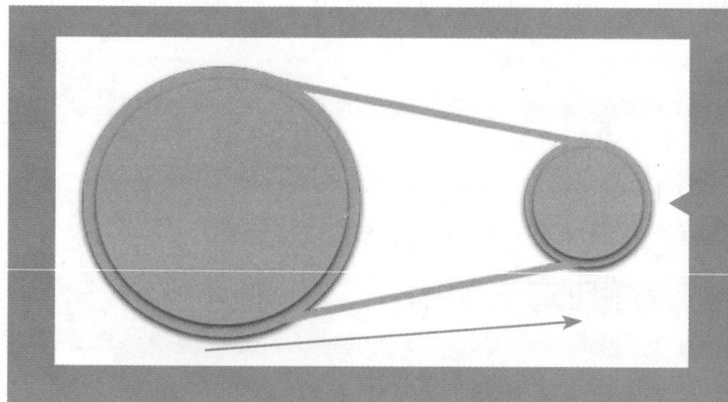

皮带传动能够产生连续的旋转运动，将力从一个传动轮传导到另外一个上面。在搭建中，电机运动产生的力作用于连接的轴上，又通过皮带传动将力传动到了另一个轴上。

小朋友们，关于皮带传动的知识点还远不止这些呢，在接下来的课程中我们还会学习到更多的知识呢？

任务分析

童童，车库门搭建完了。怎样编写程序才能让我们的车库门动起来呢？

哈哈，又到了任务分析的时间了，小朋友们，让我们一起看一下今天任务分析的流程图。

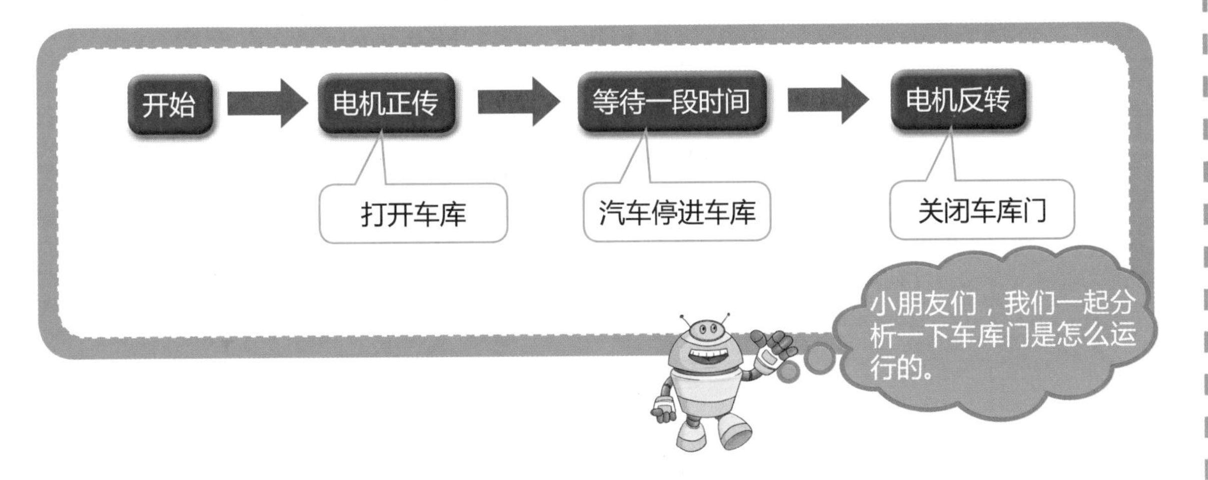

编 程 知 识

小朋友们，根据上面的任务分析和老师的讲解，我们一起把下面的图补充完整吧！

在方框中的括号内填写正确的序号将程序补充完整。
（同一模块可以重复使用）

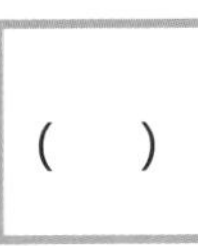

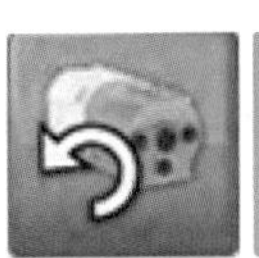

1

2

3

4

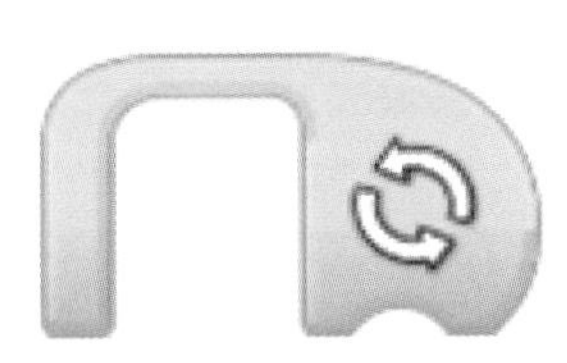

5

练一练

小朋友们，今天的课程结束了，我们一起来做几个小练习吧！

1. 今天我们学习到的有关皮带传动的知识点是（　　）。

A. 皮带传动的优点和缺点　　B. 皮带传动的起源和应用

C. 皮带传动利用力的传递

2. 下面哪个模块表示等待时间的模块？（　　）

A. 

B. 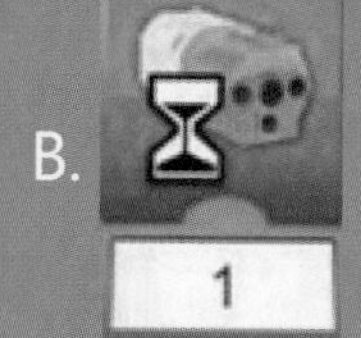

C. 

3. 判断下面哪种车库门是遥控式车库门？（　　）

A. 

B. 

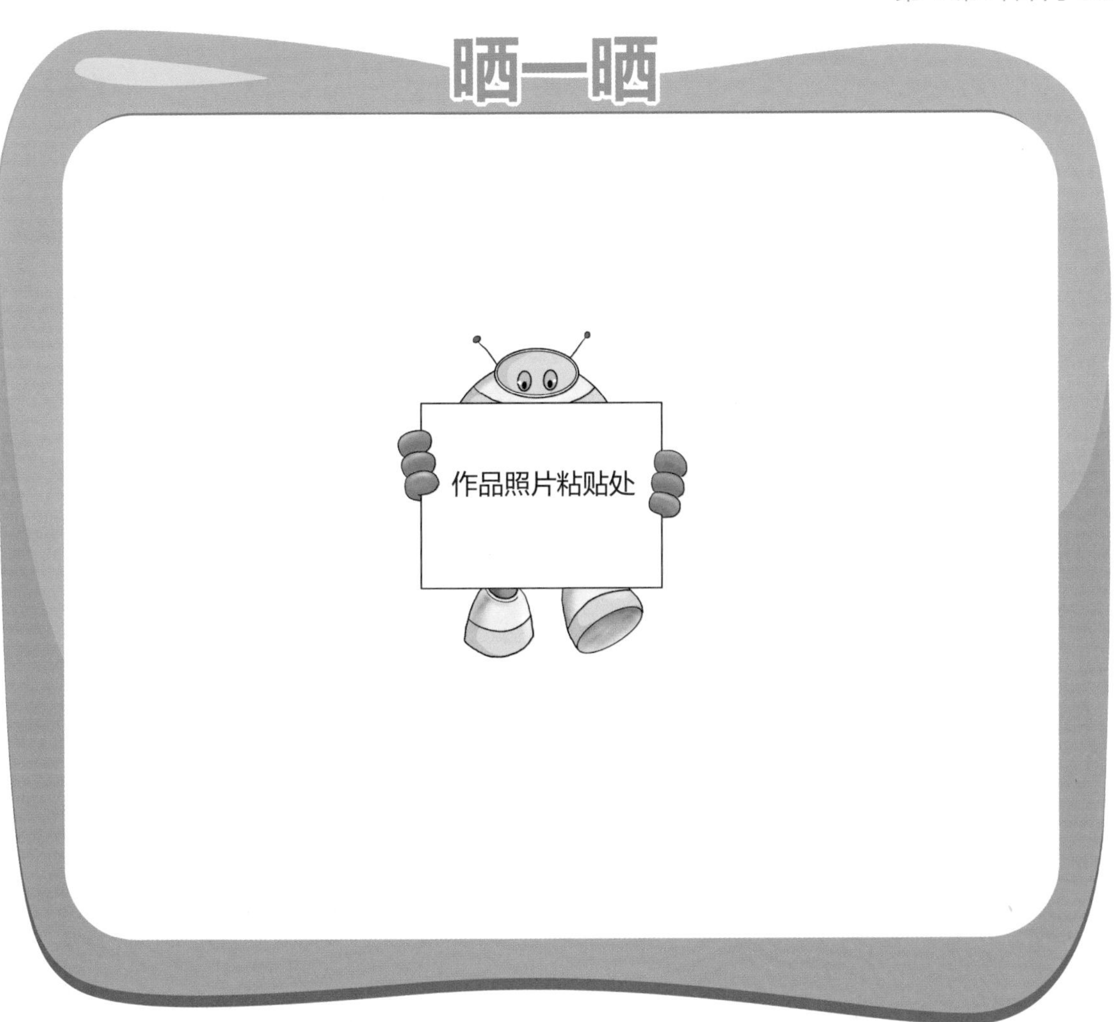
晒一晒
作品照片粘贴处

第5课 飞机救援

小朋友们好，这节课我要带大家用教具里面的集线器和电机搭建一个飞机，还会用到平板电脑来给机器人编程让它动起来。好了，赶紧开始我们的课程吧！

扩展知识

创创，说到飞机我来考考你，你知道飞机是谁发明的吗？

嗯……，这个嘛，我只知道是美国人发明的，具体是谁就不知道了。

飞　机

最早的飞机是由美国的莱特兄弟发明的。

飞机主要分为两种，一种是喷气式飞机，另一种是螺旋桨式飞机。

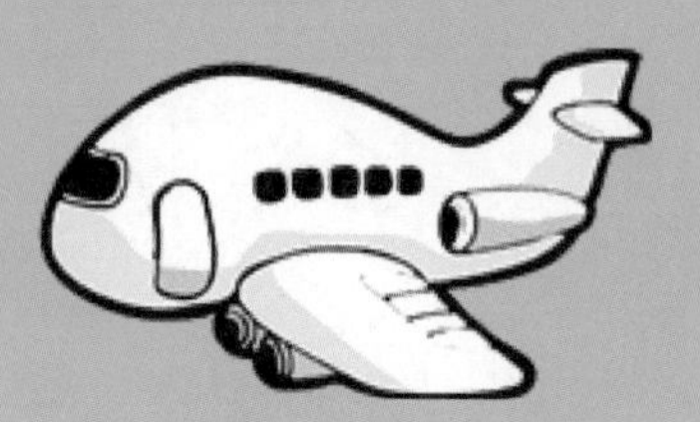

搭建知识

小朋友们，学习完关于飞机的小知识，我们就要开始搭建机器人了。在今天的搭建中我们要学习的知识是有关锥齿轮传动的。

前几节课我们学习了皮带传动，这个锥齿轮传动是什么啊？我们又要利用锥齿轮传动搭建飞机的哪部分呢？

锥齿轮传动

锥齿轮传动是一种特殊的齿轮传动，它利用锥齿轮之间的垂直啮（niè）合，从而改变力的作用方向。今天我们在搭建直升飞机螺旋桨的部分就要用到锥齿轮传动。

生活中还有很多需要利用锥齿轮传动的地方哦，聪明的小朋友们赶快去寻找吧！

任务分析

小朋友们的直升飞机都搭建好了，好酷啊！

是的，童童，直升机搭建好了，但是怎样编写程序才能让我们的直升机动起来呢？

哈哈，又到了任务分析的时间了，小朋友们，让我们一起看一下任务分析的流程图！

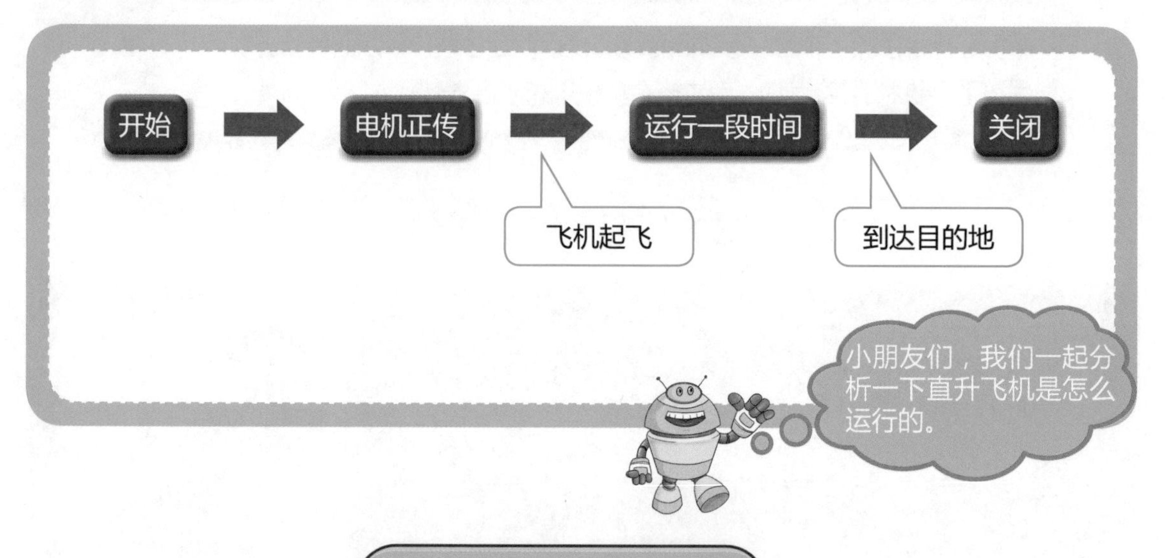

编程知识

小朋友们，根据上面的任务分析和老师的讲解，我们一起把下面的图补充完整吧！

在方框中的括号内填写正确的序号将程序补充完整。

  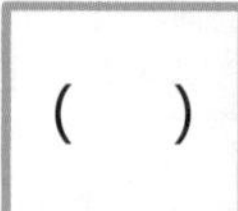  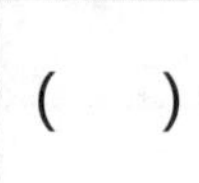

1

2

3

4

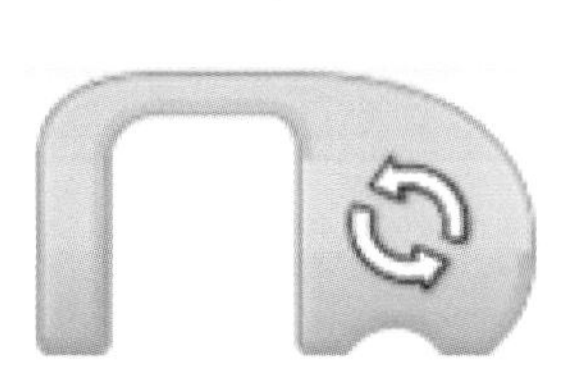

5

练一练

小朋友们，今天的课程结束了，我们一起来做几个小练习吧！

1. 下面有关锥齿轮传动的说法错误的是？(　　)
A. 锥齿轮传动是齿轮传动的一种
B. 锥齿轮传动一定是省力装置
C. 锥齿轮传动可以改变力的作用方向

2. 下面哪个模块是表示电机转动时间的模块？(　　)

A.　　B. 1　　C.

3. 下面哪种飞机是喷气式飞机？(　　)

A .

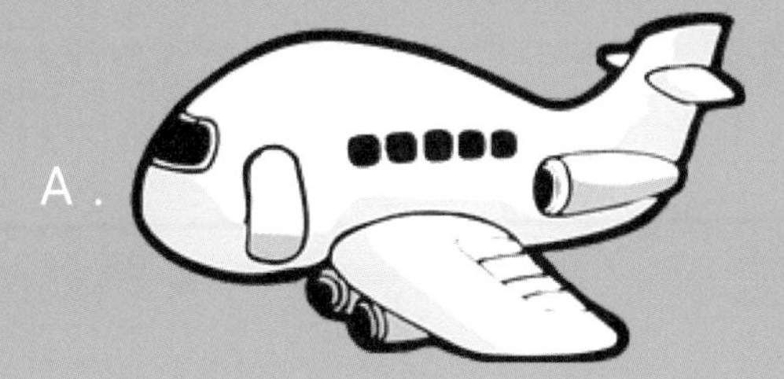

B.

晒一晒

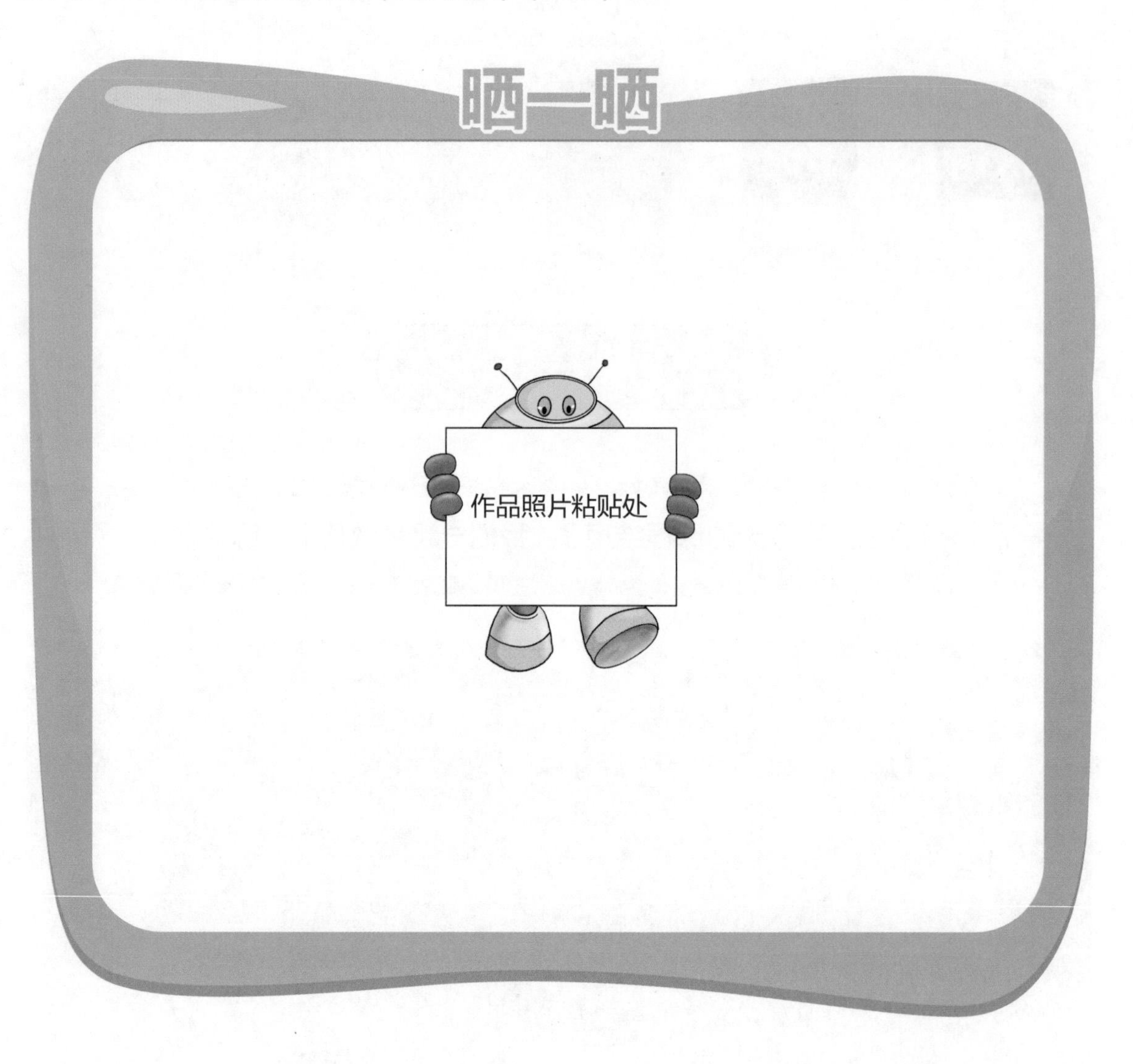

第 6 课 旋转广告牌

小朋友们好，这节课我要带大家用教具里面的集线器和电机搭建一个广告牌，还会用到平板电脑来给广告牌机器人编程让它转动起来。好了，赶紧开始我们的课程吧！

扩展知识

创创，听说你家新开了一个蛋糕店，最近的生意怎么样？

唉，别提了，蛋糕的味道真的很棒，就是来买蛋糕的人很少。我想做广告宣传一下，但是又不太懂，童童，你懂的很多，给我介绍一下吧！

广　告

广告是以一定形式公开而广泛地向公众传递信息的一种宣传手段。广告的形式有报刊、广播、电视、电影、广告牌、橱窗、印刷品、霓虹灯等。

搭建知识

了解了这么多的广告形式，我们最终选择了以广告牌的形式做宣传，小朋友们，一起来帮我们搭建一个漂亮的广告牌吧！

在今天广告牌的搭建中，我们还会学习到哪些机械结构的知识呢？

》齿轮减速《

齿轮减速是齿轮传动的一种，它利用齿轮之间的啮（niè）合，小齿轮带动大齿轮转动，进行减速运动。今天我们在搭建旋转广告牌时，如果想让其旋转的速度比电机转速慢，那么就会用到这样的减速结构。

把齿轮减速结构，安装到我们广告牌的动力装置上，这样就可以让广告牌旋转的速度变慢，方便大家看清我们的宣传广告了！

任务分析

哇，这么快我们的广告牌就搭建完成了！

童童，广告牌搭建好了，但是怎样编写程序才能让我们的广告牌看起来更吸引人呢？

哈哈，我们可以利用运动传感器，让广告牌更智能和与众不同！比如使用运动传感器，去识别广告牌前方是否有人经过，如果有人经过，广告牌进行旋转。

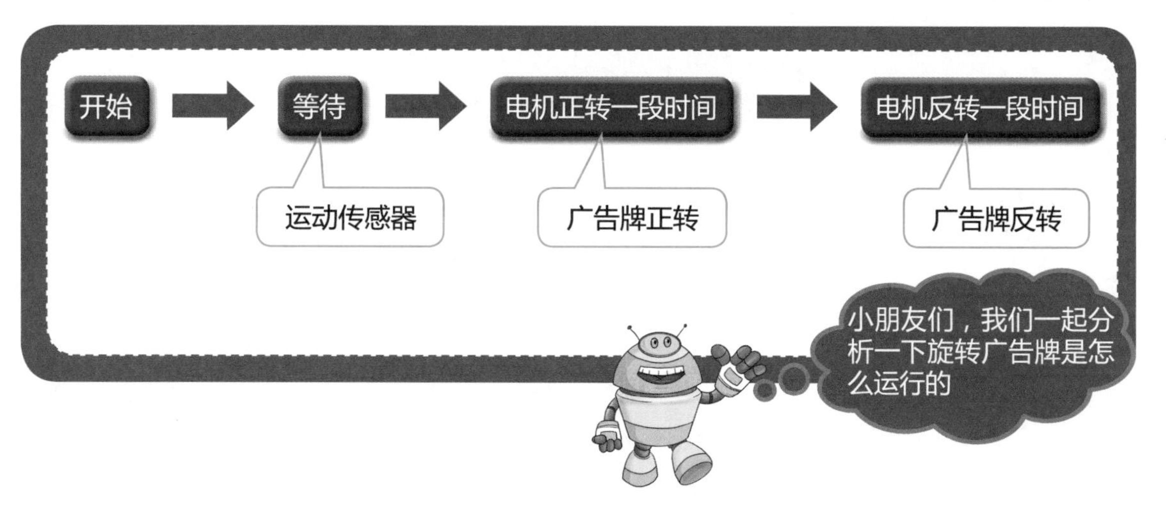

编程知识

小朋友们，根据上面的任务分析和老师的讲解，我们一起把下面的图补充完整吧！

在方框中的括号内填写正确的序号将程序补充完整。
（同一模块可以重复使用）

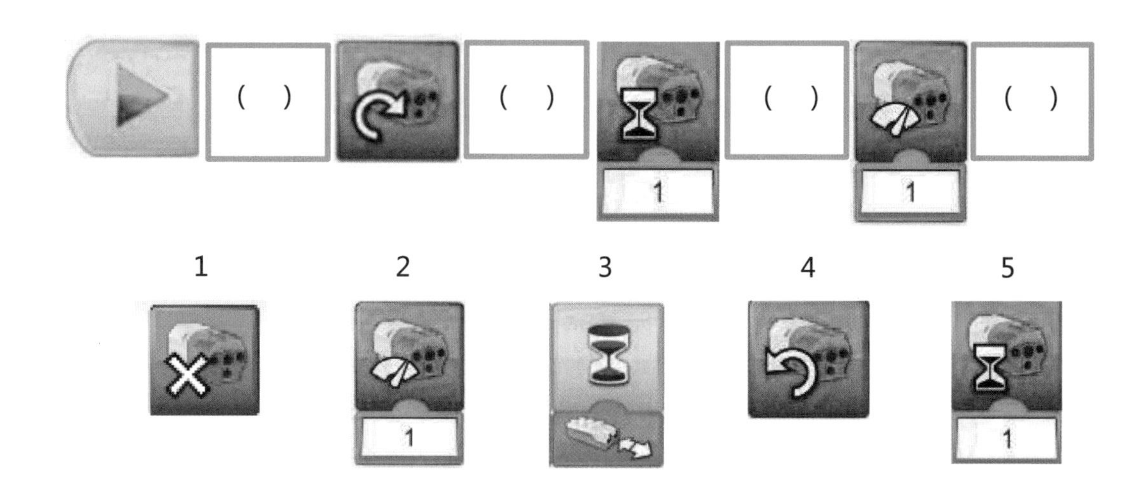

练一练

小朋友们，今天的课程结束了，我们一起来做几个小练习吧！

1. 下面有关齿轮传动的说法错误的是？（　　）

A. 大齿轮带动小齿轮做加速运动

B. 小齿轮带动大齿轮做加速运动

C. 锥齿轮传动可以改变力的方向

2. 下面哪个模块，是等待运动传感器发现前方有物体的？（　　）

A. 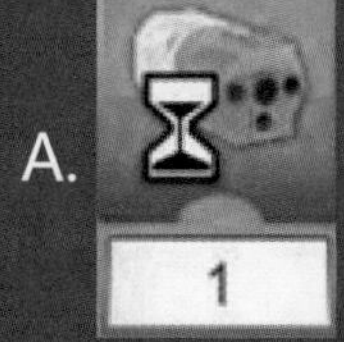

B.

C. 

3.（多选）下面哪些属于广告的宣传形式？（　　）

A．报刊　　B. 广播　　C. 电视　　D. 广告牌

第 7 课 舞动的小鸟

小朋友们好，这节课我要带大家用教具里面的集线器和电机搭建一只小鸟，还会用到平板电脑来给机器人编程让它跳舞，赶紧开始我们的课程吧！

扩展知识

童童，我们今天做什么鸟啊？是啄木鸟呢，还是猫头鹰？

创创，我们今天搭建的鸟是一种会跳舞的机器鸟哦！你知道那么多种类的鸟，那你知道世界上最大的鸟跟最小的鸟是什么鸟吗？

》》》鸟类之最《《《

鸟类之最

鸵鸟是世界上最大的鸟

蜂鸟是世界上最小的鸟

搭建知识

小朋友们，讲完鸟类之最，我们就要开始搭建机器人了。创创，你知道今天我们要用到哪个结构让小鸟跳起舞来吗？

这个我知道，我们今天还会用到皮带传动呢！

没错，这节课我们依然利用了皮带传动，让我们来看看今天我们要学习皮带传动的哪些知识吧！

皮带传动

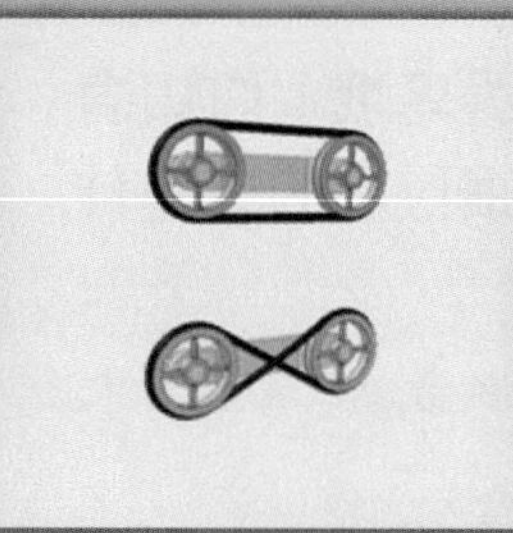

“0”字形皮带传动，两个皮带轮转动的方向是一样的；“8”字形皮带传动，两个皮带轮传动的方向是相反的。

任务分析

童童，小鸟搭建完了。怎样才能让它跳起舞来呢？

先别急，让我们先来分析一下吧。

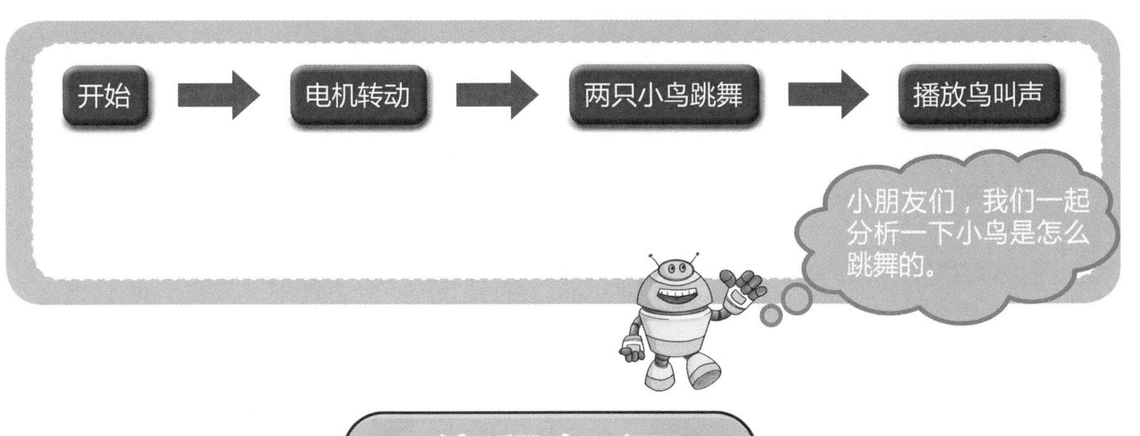

编程知识

小朋友们，根据上面的任务分析和老师的讲解，我们一起把下面的图补充完整吧！

在方框中的括号内填写正确的序号将程序补充完整。

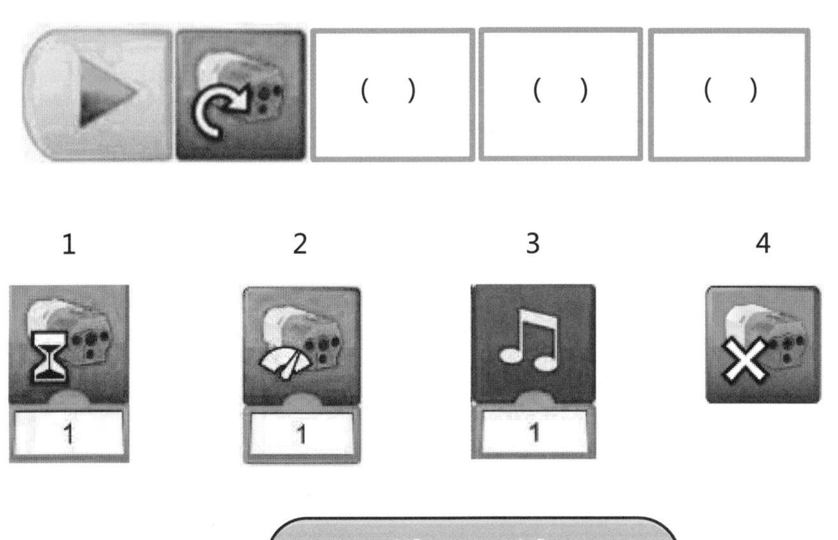

练一练

小朋友们，今天的课程结束了，我们一起来做几个小练习吧！

1. 世界上最小的鸟是？（　　）

A. 燕子　　　　B. 喜鹊　　　　C. 蜂鸟

2. 下面哪个模块可以控制发出声音（　　）

A. 　　B. 　　C. 

3. 连一连，把图片和相对应的名称连起来。

海鸥　　　　猫头鹰　　　　鹦鹉

第 8 课 海洋生物

小朋友们好，这节课我要带大家用教具里面的集线器和电机搭建一个海豚机器人，还会用到平板电脑来给海豚机器人编程让它游动起来。好了，赶紧开始我们的课程吧！

扩展知识

创创，看你这么开心是不是昨天放假去了好玩的地方啊，快跟我说说。

哈哈，被你说中了，昨天妈妈带我去了水族馆，那里有很多海洋生物，我看到了鲨鱼、海豹、鲸鱼……我最喜欢的是海豚！

我也喜欢海豚，说到海豚我要考考你，创创，你知道海豚是靠什么发现猎物的吗？

哎？海豚难道不是利用眼睛发现猎物的吗？

你说的不全对，海豚主要是靠超声波来发现猎物的。

海豚的超声波

超声波是一种频率高于 20000 赫兹的声波，人类是无法听到的，它的方向性好，穿透能力强，易于获得较集中的声能，在水中传播距离远。当海豚在大海中游动的时候，它会发出超声波，当这种声波碰到小鱼的时候就会反弹回来，从而被海豚接收到，那么海豚就知道了小鱼所在的位置并且游过去进行捕食。

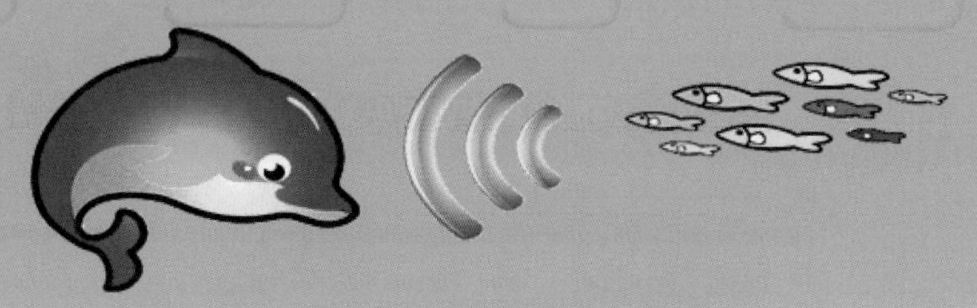

搭建知识

学习完关于海豚的知识，接下来我们就要开始搭建了，我们都知道海豚向前游动需要靠尾巴的摆动，所以我们需要一种可以改变电机转动方向的装置。

在前面的课程中，我们学习过一种可以改变力的传动方向的装置，小朋友们让我们来复习一下吧！

锥齿轮传动

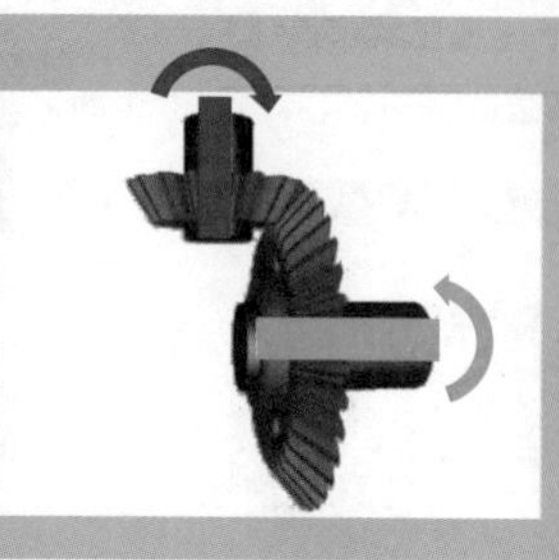

锥齿轮传动是一种特殊的齿轮传动，它利用锥齿轮之间的垂直啮（niè）合，从而改变力的作用方向。今天我们在搭建海豚尾巴的部分就要用到锥齿轮传动，实现海豚左右摆尾的动作。

任务分析

童童，小海豚搭建完了，好漂亮啊。怎样编写程序才能让我们的小海豚游动起来呢？

哈哈，又到了任务分析的时间了，小朋友们，让我们一起来看一下今天的任务分析流程图吧！

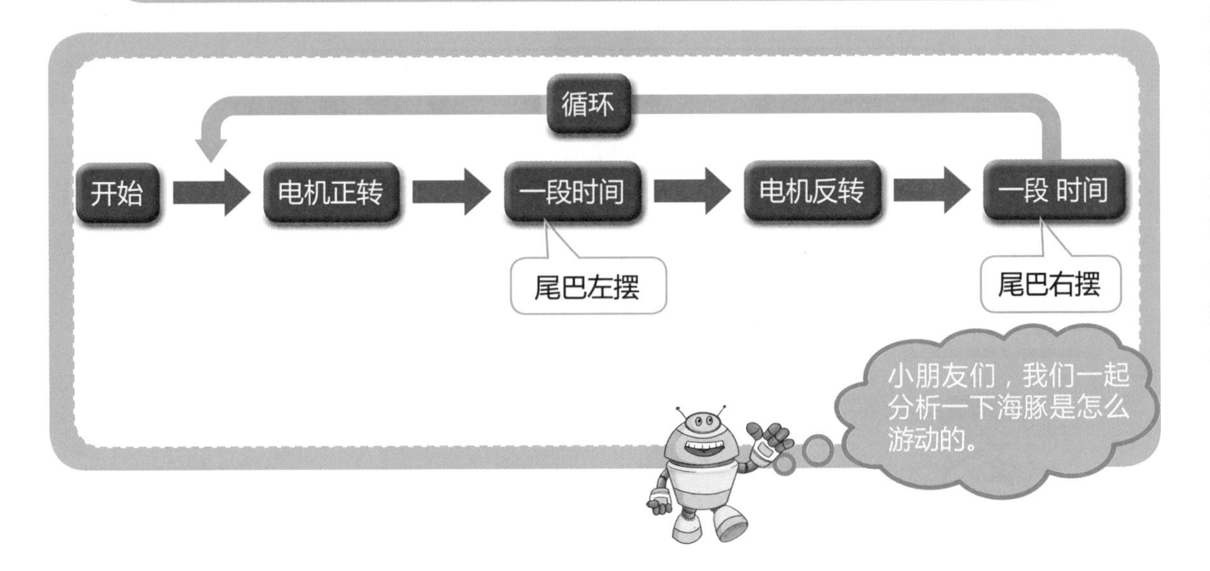

编程知识

小朋友们，根据上面的任务分析和老师的讲解，我们一起把下面的图补充完整吧！

在方框中的括号内填写正确的序号将程序补充完整。
（同一模块可以重复使用）

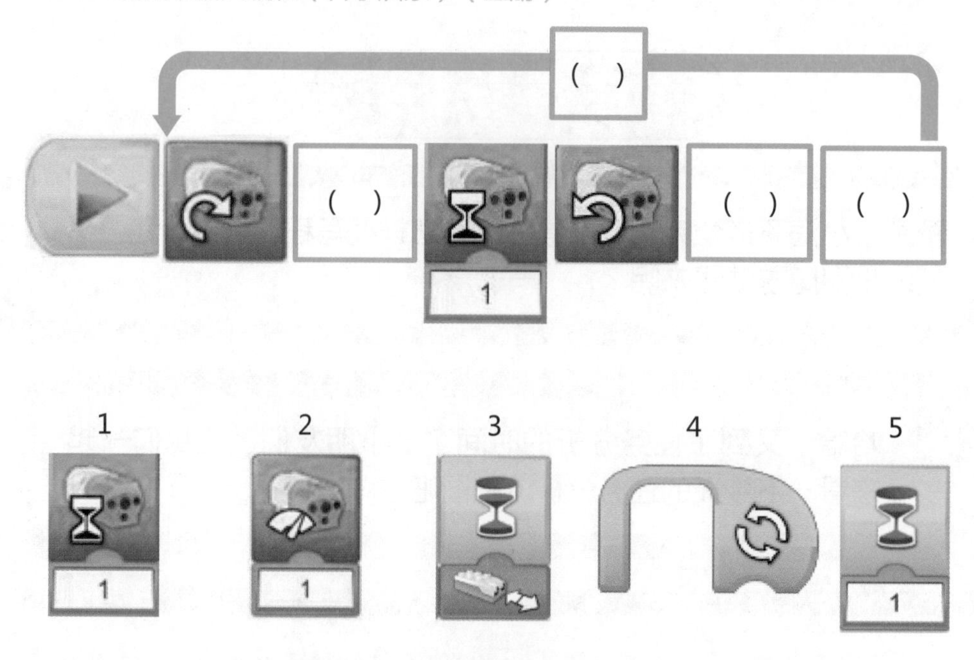

练一练

小朋友们，今天的课程结束了，我们一起来做几个小练习吧！

1. 今天我们学习到海豚发出的超声波是高达（　　）赫兹的声波？

A. 5 万　　B. 1 万　　C. 2 万

2. 下面哪个模块，可以通过修改参数来实现电机转动半圈的？（　　）

A. 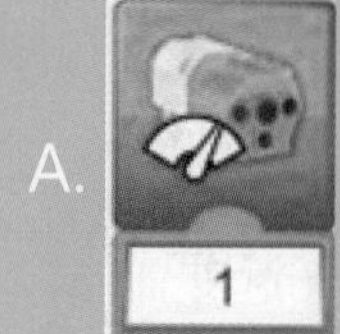

B. 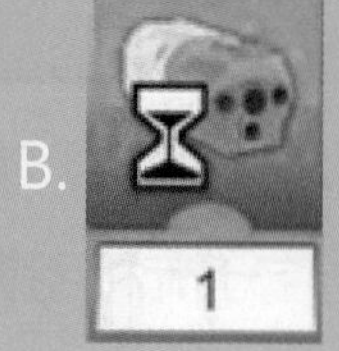

C. 

3. 连一连，将下面海洋生物及其对应的名称连在一起。

鲨鱼

小丑鱼

鲸鱼

海豚

晒一晒

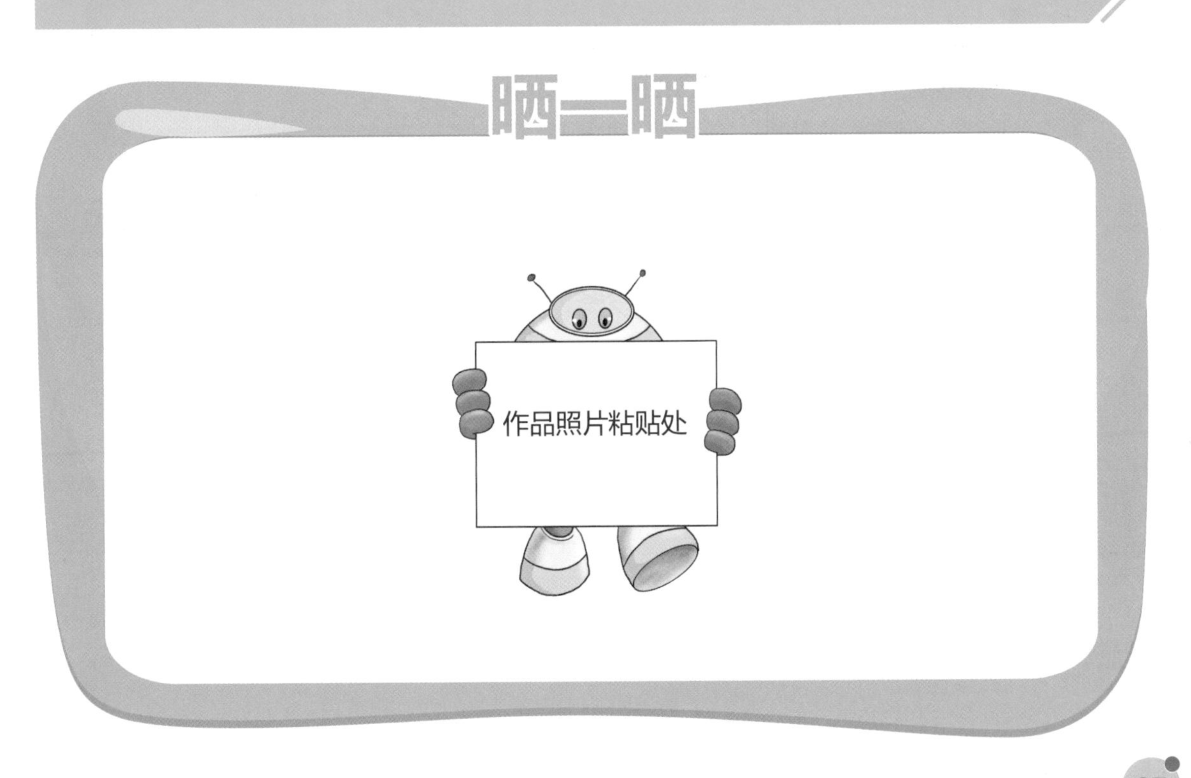

第9课 赛车

小朋友们好，我是童童。这节课我要带大家搭建一个赛车机器人，除了用到教具里面的集线器和电机，还会使用运动传感器，最后要用平板电脑给赛车编程让它跑起来。好了，赶紧开始我们的课程吧！

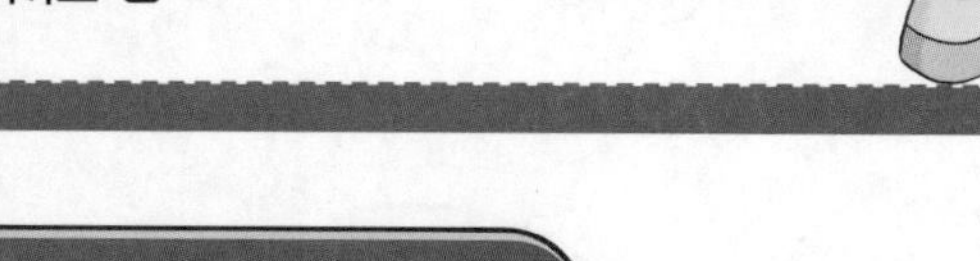

扩展知识

童童，你知道汽车是谁发明的吗？

创创，世界公认的汽车发明者是德国人卡尔·奔驰，他在1885年研制出了世界上第一辆三轮汽车。

是的，不过现在的汽车已经发展得更全面更复杂了，主要包含发动机、底盘、车身和电气设备四个部分。那赛车和汽车有什么关系呢？

创创，下面就给你介绍一下赛车吧。

赛车的起源

赛车是使用汽车作为速度竞赛的运动。在 1895 年，在法国举办了第一次真正意义上的汽车比赛。如今，它已经成为了全世界吸引最多观众观看的体育赛事之一。

赛车运动分为两大类，场地赛车和非场地赛车。

搭建知识

小朋友们，讲完赛车小知识，我们要开始搭建了。之前学过齿轮减速（小齿轮带动大齿轮），创创，你知道怎样让齿轮加速吗？

这个我知道，反过来就可以，通过大齿轮带动小齿轮运转，从而给跑车加速。

是的，赛车的运动也离不开运动传感器，下面就介绍一下它吧！

运动传感器

它的前方有两个灯，其中一个灯发出光线，发射出的光线遇到物体会反射回另一个灯。当反射光线有所变化也就是前方物体有所改变时，通过程序去判断运动传感器识别的距离变化，从而去控制程序的开始或停止。

在这节课中它能检测前方物体与跑车的距离。当检测到的距离变远时就会运动（识别到开始信号），检测到的距离变近时就会停下来（识别到停止信号）。

任务分析

童童，赛车搭建好了，接下来它该怎么运动呢？

创创，它的运动过程是这样的：

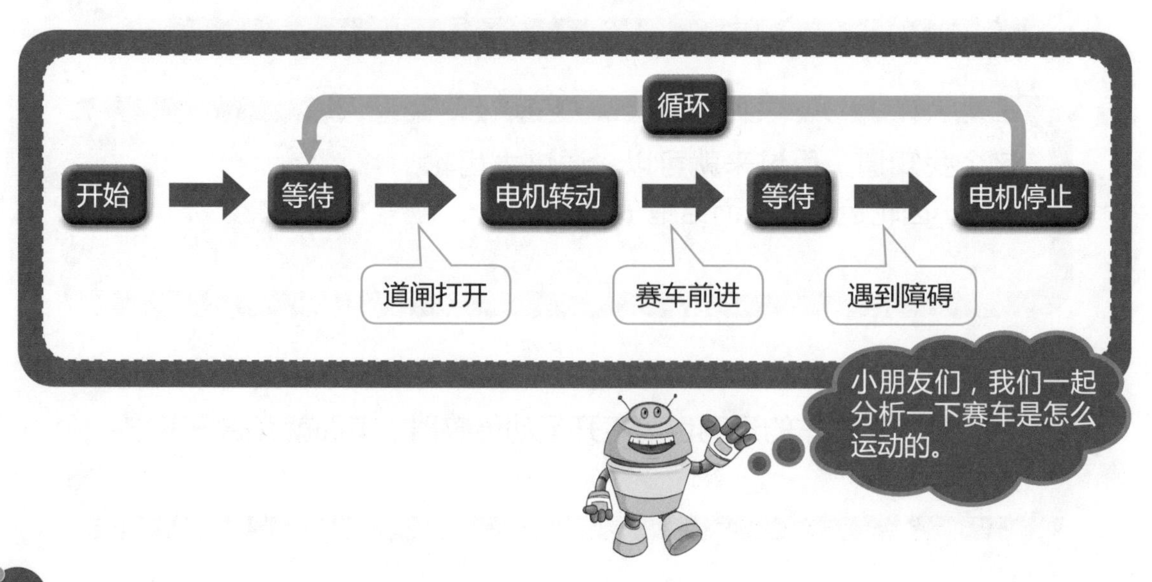

编程知识

小朋友们，根据上面的任务分析和老师的讲解，我们一起把下面的图补充完整吧！

在方框中的括号内填写正确的序号将程序补充完整。

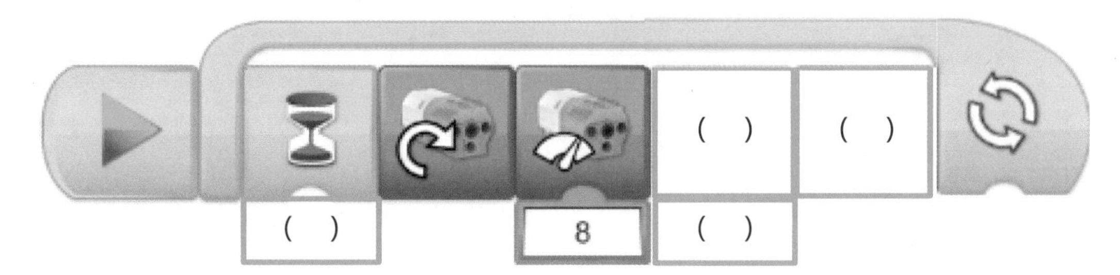

1 

2 

3 

4 

练一练

小朋友们，今天的课程结束了，我们一起来做几个小练习吧！

1. 下面哪个不是赛车比赛项目？（　　）

A. F1　　B. F3　　C. GP2　　D. BMS

2. 运动传感器  的最大识别范围大约是多少？（　　）

A. 0～1　　B. 0～3　　C. 0～7　　D. 0～10

3. 连一连：小朋友们，你能把下面的汽车与它们的名字以及原产地连起来吗？

保时捷　　本田　　法拉利　　现代

意大利　　日本　　德国　　韩国

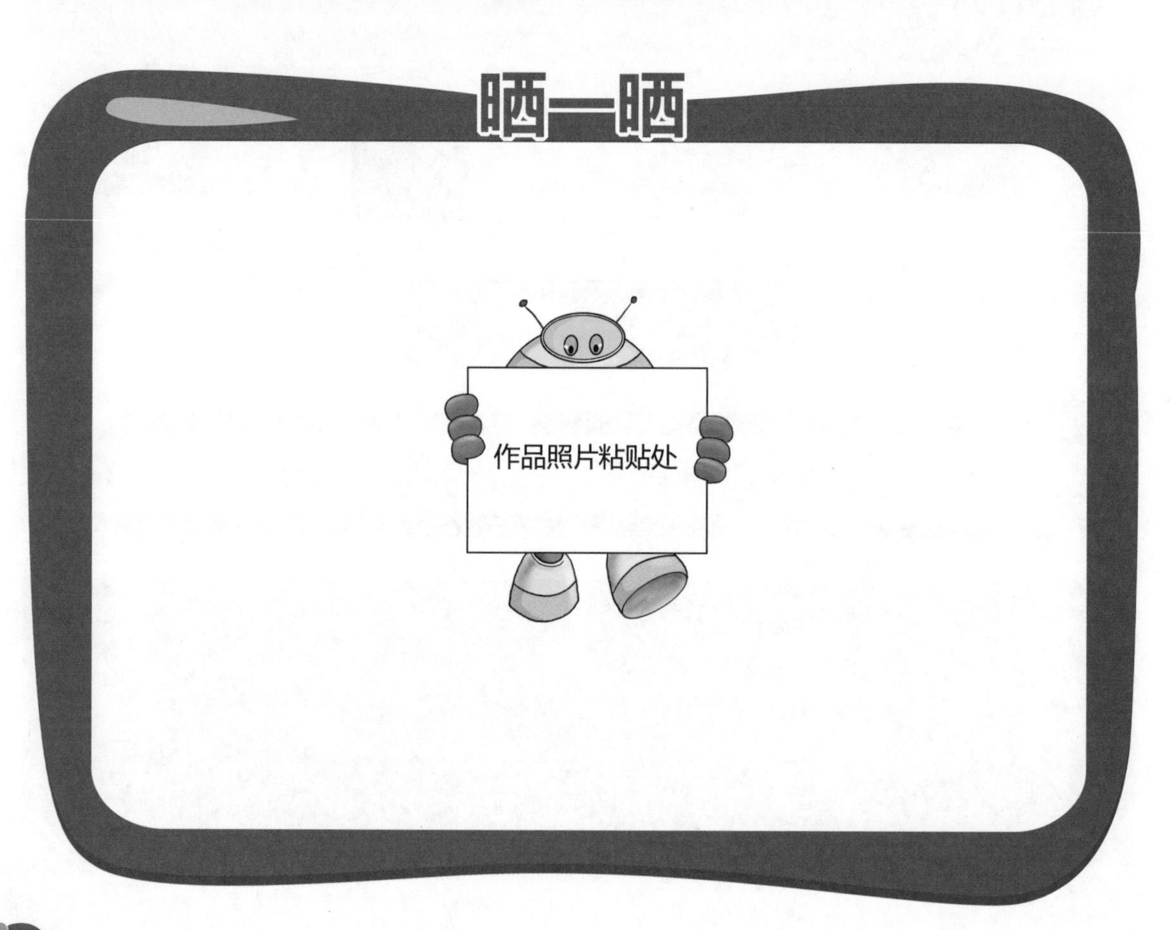

第 10 课 蜜蜂采蜜

小朋友们好，这节课我要带大家搭建一个蜜蜂采蜜的机器人，依然会用到教具里面的集线器和电机，还会使用运动传感器，最后要用平板电脑给蜜蜂编程让它能找到花朵。好了，赶紧开始我们的课程吧！

扩展知识

童童，你见过蜜蜂采蜜吗？所有的蜜蜂都要采蜜吗？

当然见过啊，我还认真地观察过呢！蜜蜂中有蜂王、雄蜂和工蜂，只有工蜂负责采蜜。

那它们是怎么采蜜的呢？是靠嘴吗？

蜜蜂先利用两根膝状（像关节一样，可以灵活活动）的“鼻子”闻出各种花朵的香味，找到花蜜，再用“嘴”吸吮花蜜和采集花粉，下面就为大家介绍一下蜜蜂吧。

蜜 蜂

蜜蜂 (Bee/Honey bee) 的身体一般是黄褐色或黑褐色，有许多密密的绒毛。它的“鼻子”叫触角，呈膝盖的形状；它的“嘴”叫做口器，可以吸吮花蜜和采集花粉；它的眼睛大大的，又称复眼。蜜蜂的身体上有螯(áo)针，所以小朋友们不要去抓蜜蜂哦，不然它要用针扎人，会很疼的。

搭建知识

小朋友们，讲完蜜蜂小知识，我们要开始搭建了。本次课要搭建一只蜜蜂和一朵小花，能让蜜蜂寻找到小花的时候自动停下来。创创，你知道怎么实现蜜蜂的旋转功能吗？

我认为和之前的课程一样，也是通过齿轮的传动来让蜜蜂旋转的，就像右图这样。为了保证蜜蜂能准确地寻找到花朵，采用减速的装置更好些。

创创，你越来越聪明了，下面就介绍一下本节课的作品吧。

蜜蜂采蜜过程

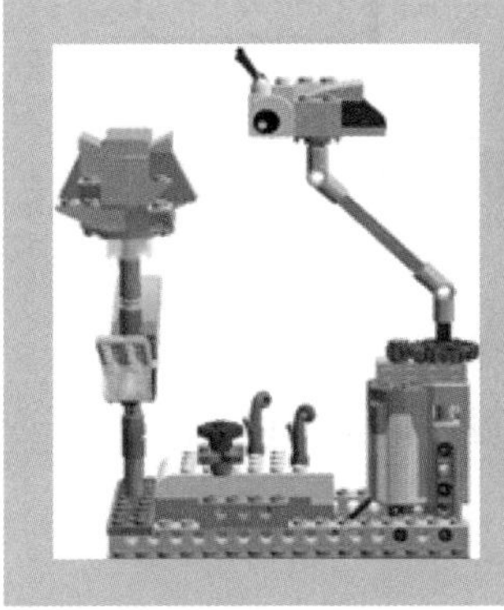

蜜蜂在采集花蜜时，对花朵是有选择性的。一般含苞或是刚开放的花，蜜蜂是不进行采集的，它的采摘对象是盛开的花朵，因为此时花蜜或分泌物的含量是比较丰富的。

蜜蜂要实现采蜜过程就要保证自身运动的灵活性，本节课利用电机带动齿轮转动来使蜜蜂旋转，通过运动传感器识别到花朵的位置后，停下来。

任务分析

童童，蜜蜂和花朵都搭建完了。赶快教教我怎么使它动起来吧。

先别急，我们先看看它运动的流程图。

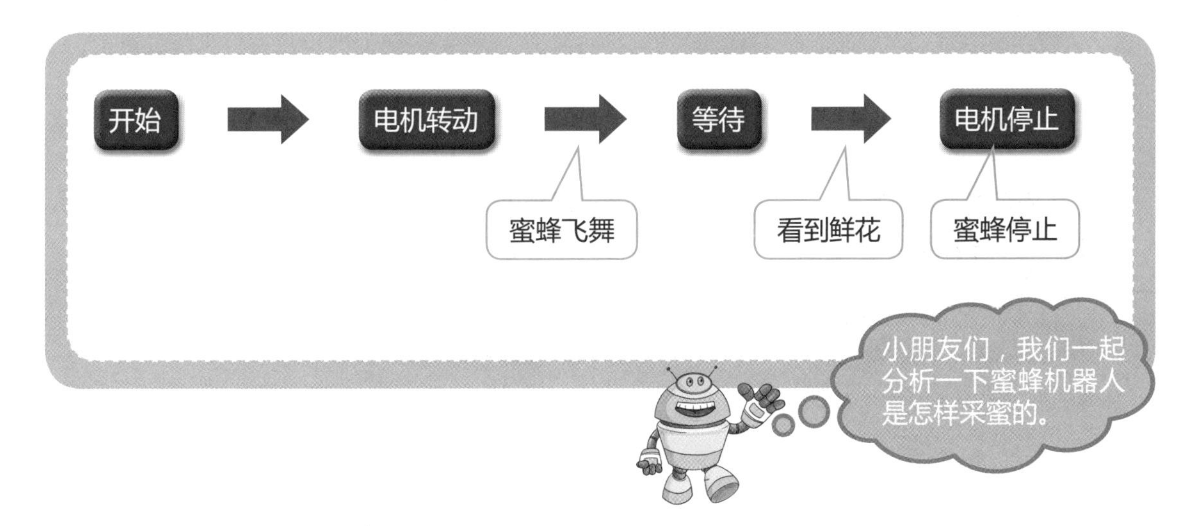

编程知识

小朋友们，根据上面的任务分析和老师的讲解，我们一起把下面的图整理出来吧！

请将下面的程序模块排列组合成一个完整的程序，实现本节课的任务____________________________。

1	2	3	4	5

练一练

小朋友们，今天的课程结束了，我们一起来做几个小练习吧！

1. 观察下列动物，请在益虫的后面打“√”，害虫的后面打“x”。

（　　）

（　　）

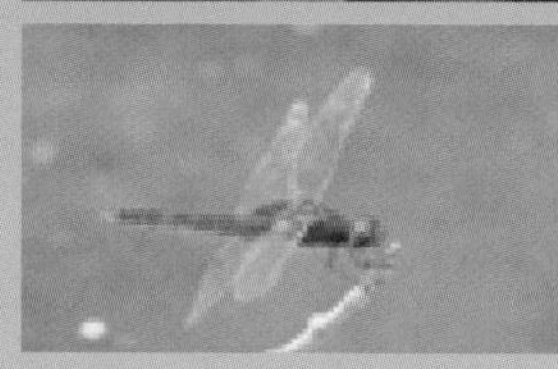（　　）

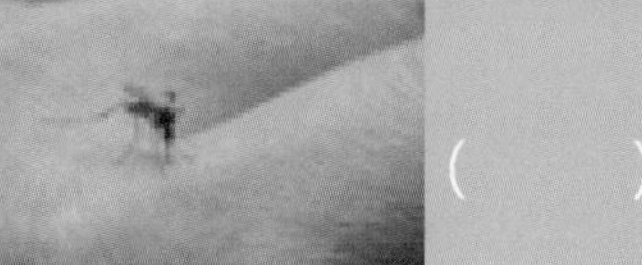（　　）

2. 下列哪个选项不是蜜蜂采蜜带来的结果？(　　)

A. 传播花粉　　B. 酿造蜂蜜

C. 损害花朵　　D. 储存食物

3. 编程中的运动传感器感知什么？(　　)

A. 由远及近　　B. 由近及远

C. 无法测出　　D. 距离变化

4 . 类比：搭建过程中用到的集线器相当于人的(　　)，作用是(　　)；电机相当于人的(　　)，作用是(　　)。

A. 大脑　　B. 肌肉

C. 指挥控制　　D. 执行命令

晒一晒

作品照片粘贴处

第11课 青蛙

小朋友们好，这节课要带大家搭建一只会动的青蛙，依然会用到教具里面的集线器、电机、运动传感器，最后要使用平板电脑给青蛙编程让它动起来。好了，赶紧开始我们的课程吧！

扩展知识

创创，本节课我们要搭建的是青蛙，那你对青蛙有了解吗？

我知道青蛙是捕捉害虫的能手，能够消灭农田里的害虫，保护庄稼。

是的，一只青蛙每天能吃 70 多条害虫，一年可吃掉 15000 多条害虫，是“农田保护神”。下面就给大家介绍一下青蛙吧！

青蛙

青蛙 (Frog) 爱吃昆虫，是一种对农田有益的动物。它小时候是蝌蚪，生活在水中，长大以后成为青蛙，在水中和陆地都可以生活。青蛙的眼睛非常特殊，能够准确地判断飞行物体的大小和位置，识别出它最喜欢吃的苍蝇和飞蛾，而对其他飞动着的东西和静止不动的物体大都毫无反应。

中国的蛙类有 130 种左右，它们几乎都是消灭森林和农田害虫的能手。不过有一种和青蛙的身体形态很相似的蛙类，它就是蟾蜍，也叫蛤蟆，皮肤上有许多疙瘩，里面有毒素，所以小朋友们最好不要去抓蛤蟆哦！

搭建知识

小朋友们，讲完青蛙小知识，我们要开始搭建了。当青蛙看到昆虫的时候需要跳起来捕捉食物，同学们想一想怎样运用我们手里的教具实现青蛙的跳跃过程呢？

童童，我专门观察了一下青蛙的捕食过程，它们跳起来的时候一般都是后腿用力，有了前几次课的基础，我觉得也可以用齿轮传动来控制青蛙的后腿，使它能够运动起来。

创创，你观察得很仔细，下面就介绍一下本节课的作品吧。

青蛙的运动过程

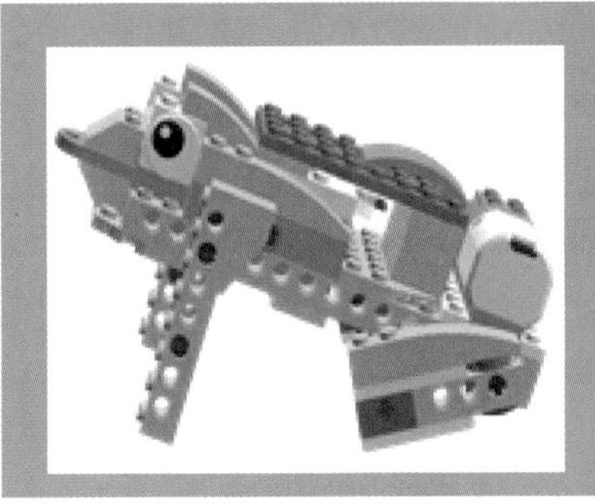

我们的教具里有电机和各种型号的齿轮，可以先搭建出青蛙的四条腿，前腿作为支撑，利用齿轮传动让后腿转动起来，这样青蛙就实现了运动的过程。而运动传感器就像青蛙的“眼睛”，帮助它识别昆虫的运动状况，从而迅速地捕捉到食物。

任务分析

童童，青蛙都搭建好了，我迫不及待地想看看它是怎么动起来的。

创创，先别急，我们来看看它的运动流程图。

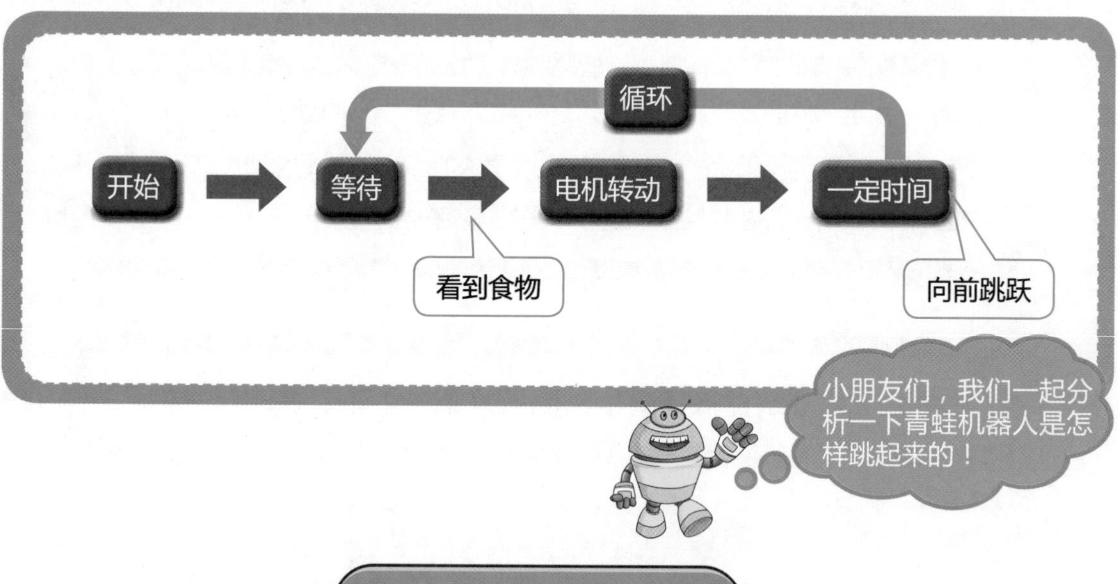

编程知识

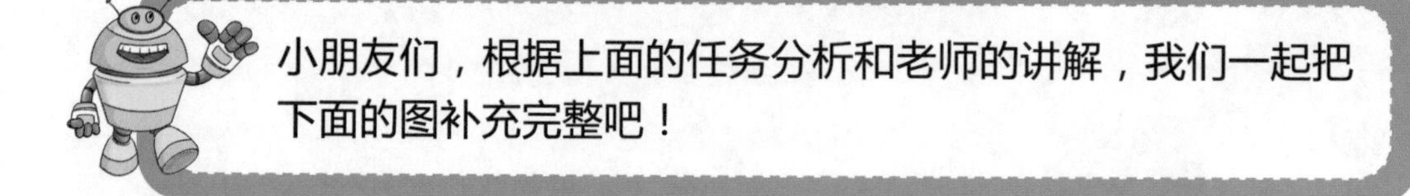

请将下面程序模块的序号填入括号内，排列组合成一个完整的程序。

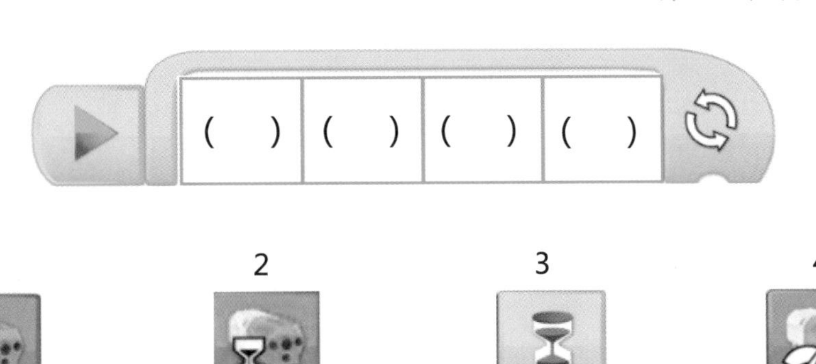

练一练

小朋友们，今天的课程结束了，我们一起来做几个小练习吧！

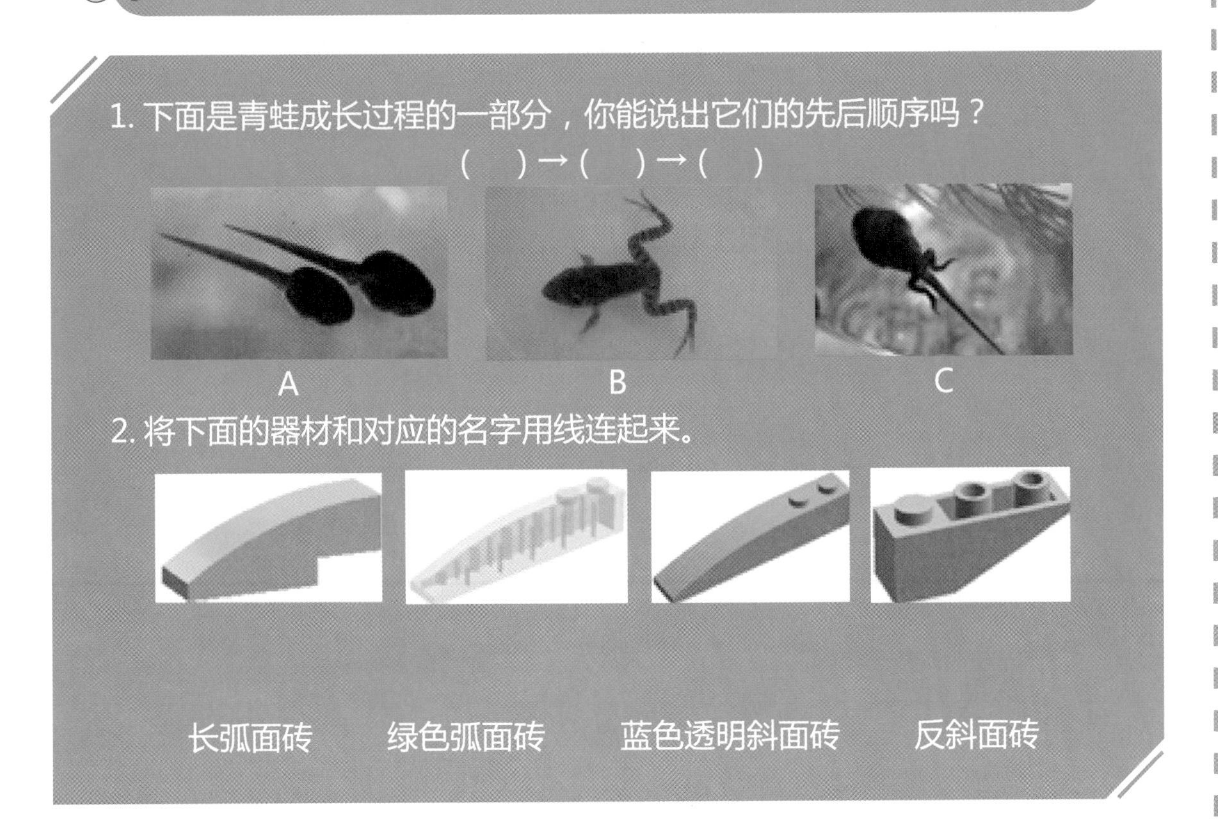

1. 下面是青蛙成长过程的一部分，你能说出它们的先后顺序吗？

( ) → ( ) → ( )

A B C

2. 将下面的器材和对应的名字用线连起来。

长弧面砖 绿色弧面砖 蓝色透明斜面砖 反斜面砖

3. 小朋友们，你们能说出下面两个程序模块的区别吗？

晒一晒

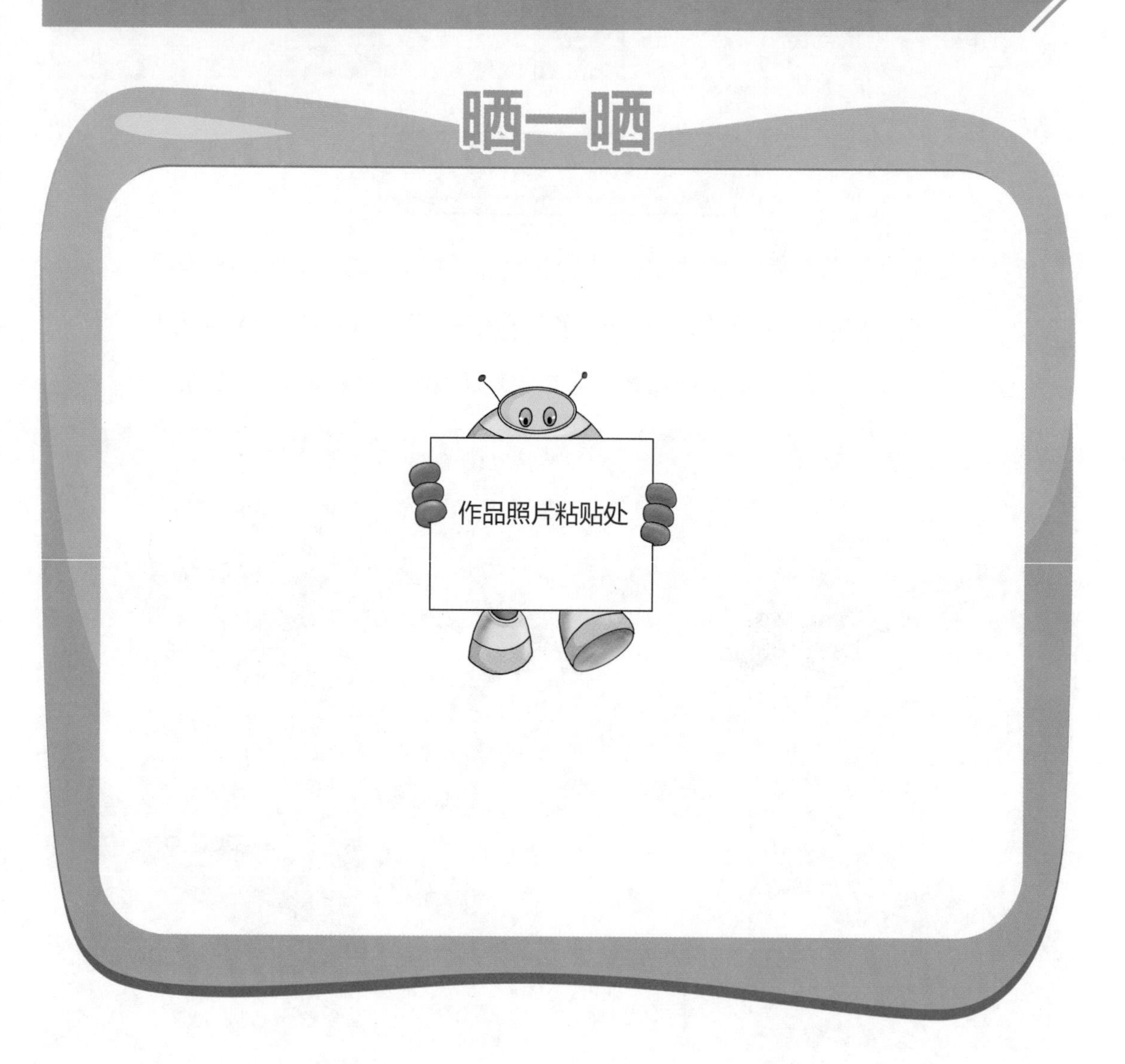

第 12 课 自动门

小朋友们好，这节课要带大家搭建一个自动门，会用到教具里面的集线器、电机、运动传感器，最后要使用平板电脑给自动门编程让它能够自动开关门。好了，赶紧开始我们的课程吧！

扩展知识

创创，在生活中，你见过自动门吗？

当然见过，自动门很神奇，远远地看上去是关着门的，当人走近的时候，它就会自动打开，人走了又会自动关上，仿佛长了眼睛一样。

是的，自动门是非常智能的，有了它我们再也不用手动开关门了，使我们的出行更加便利，下面就为小朋友们介绍一下自动门吧。

自动门小知识

自动门可以根据人的靠近或离开自动打开或者关闭，为人们的生活带来方便。1930 年，美国率先推出世界上第一个自动门，到了 1962 年，随着科技的进步和城市的建设，才慢慢普及起来。自动门的种类很多，按开启的形式可分为推拉门、平开门、重叠门（如图 a）、折叠门、弧形门（如图 b）和旋转门。常见的自动门需要有开门信号源，也就是用传感器来检测物体的靠近或离开，用电机来打开或关闭门，用安全装置来确保自动门的正常运行。

图 a

图 b

搭建知识

小朋友们，了解了自动门小知识后，是不是对自动门更熟悉了呢？今天我们就一起来搭建一个自动门吧！创创，要想实现门的平行开启和关闭，你能想到什么方法呢？

童童，我记得前几节课学过齿轮传动，是曲线运动，如果门是平移运动，那这种齿轮传动似乎不太合适了。

是的，之前的传动方式叫做直齿轮传动，我们这节课要用到齿轮传动的另外一种类型：齿轮齿条传动（齿轮进行旋转运动，齿条进行平行运动）。

》》》自动门的运动《《《

到目前为止，我们已经学过齿轮传动中的三种类型了：直齿轮传动、锥齿轮传动和齿轮齿条传动，之后还会学到更多的传动方式。本节课我们根据自动门需要平行移动的特点选择齿轮齿条传动。同学们千万不要忘记运动传感器哦，它可以准确地发现物体的靠近和远离，再传输给集线器，从而使电机打开或关闭自动门。

任务分析

童童，搭建好了自动门，又到了让它动起来的激动时刻了。

创创，编程之前我们还是先来看看它运行的流程图吧，看懂之后可以自己试着编写程序了。

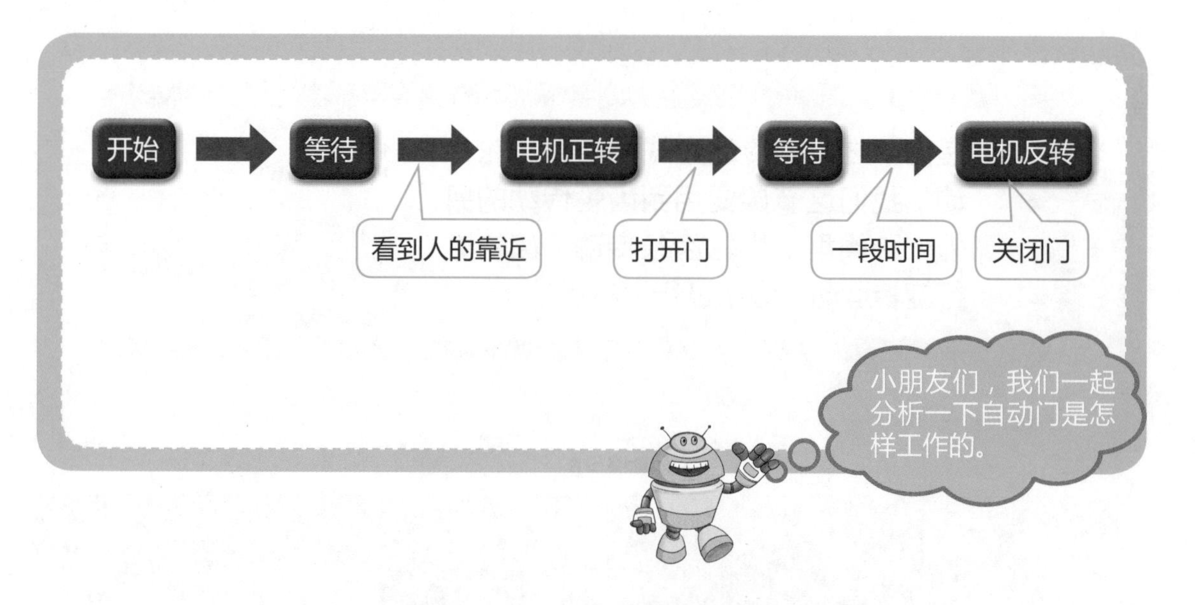

编程知识

小朋友们，根据上面的任务分析和老师的讲解，我们一起把下面的程序整理出来吧！

请选出两个模块并将它们的序号分别填入括号内，使程序补充完整。

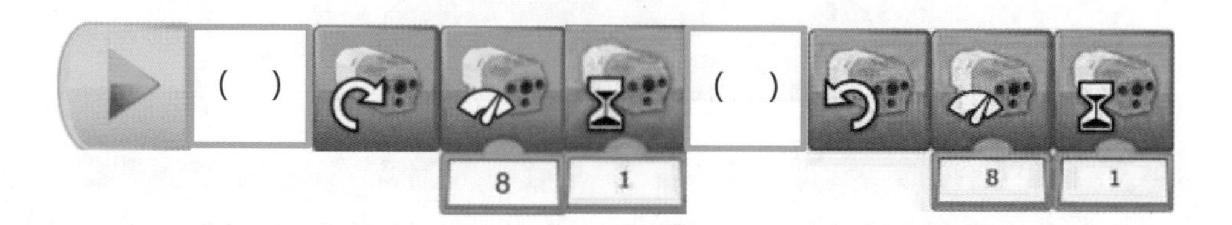

1

2

3

4

练一练

小朋友们，今天的课程结束了，我们一起来做几个小练习吧！

1. 判断以下图片的结构中是否用到了齿轮齿条传动，如果是请在括号里打“√”，否则打“x”。

( )

( )

( )

2. 下列关于运动传感器的说法正确的是（ ）。

A. 两个小灯都能发光　B. 白色灯发射，黑色灯接收信号

C. 白色灯接收，黑色灯发射信号　D. 只能看到亮的物体

3. 学习了许多运动传感器或齿轮传动的实例，小朋友们想一想生活中还有哪些地方也用到了这些知识，举出两个例子。

晒一晒

第 13 课 聪明的陀螺

小朋友们好！欢迎回来。这节课的主题是“聪明的陀螺”，我们可不仅仅是搭建一个陀螺哦！还需要搭建一个能发射陀螺的机器人。同学们是不是觉得很有趣啊，那我们赶紧开始今天的课程吧！

扩展知识

童童，我们开始搭建陀螺吧！

创创，先别着急。我先给大家讲讲关于陀螺的知识。

》》》陀螺的原理和应用《《《

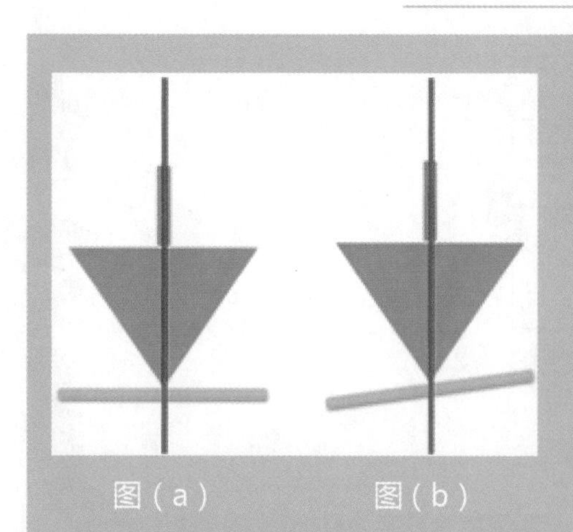

图（a）　图（b）

绕一个支点高速转动的刚体（在运动中和受力作用后，形状和大小不变，而且内部各点的相对位置不变的物体）称为陀螺。其形状为上半部分为圆形，下方尖锐。用力抽绳，使它直立旋转。人们利用陀螺直立旋转稳定且不倒的特点，创造了主要用于定位和导航的陀螺仪。

陀螺旋转起来之后，它的中轴线会始终指向一个固定的方位，如图（a）所示，即使地面发生倾斜，如图（b）所示，它的中轴线指向的方位也不会发生变化，人们就是利用这个原理，创造出陀螺仪，使用它定位。当然陀螺仪还有很多功能，感兴趣的同学可以到网上查看哦！

搭建知识

小朋友们，讲完陀螺的知识，我们就要开始搭建机器人了。创创，你知道怎样才能让陀螺转起来吗？

嗯！用电机带动陀螺就可以啊。

你说的对，其实是要搭建一个陀螺发射器去发射陀螺，那你知道怎样让陀螺旋转得更快、时间更长吗？

呃……这个我不知道……

齿轮传动关系

大齿轮带动小齿轮是加速装置。
小齿轮带动大齿轮是减速装置。

原来如此！童童我知道怎么做了。

创创，之前我们学习了电机给机器人提供动力。改变电机功率也可以控制陀螺转动的快慢哦。

任务分析

童童，陀螺和陀螺发射器都搭建完了。怎样编写程序才能让陀螺转起来呢？

创创，我们先想想陀螺发射器是如何运行的呢。

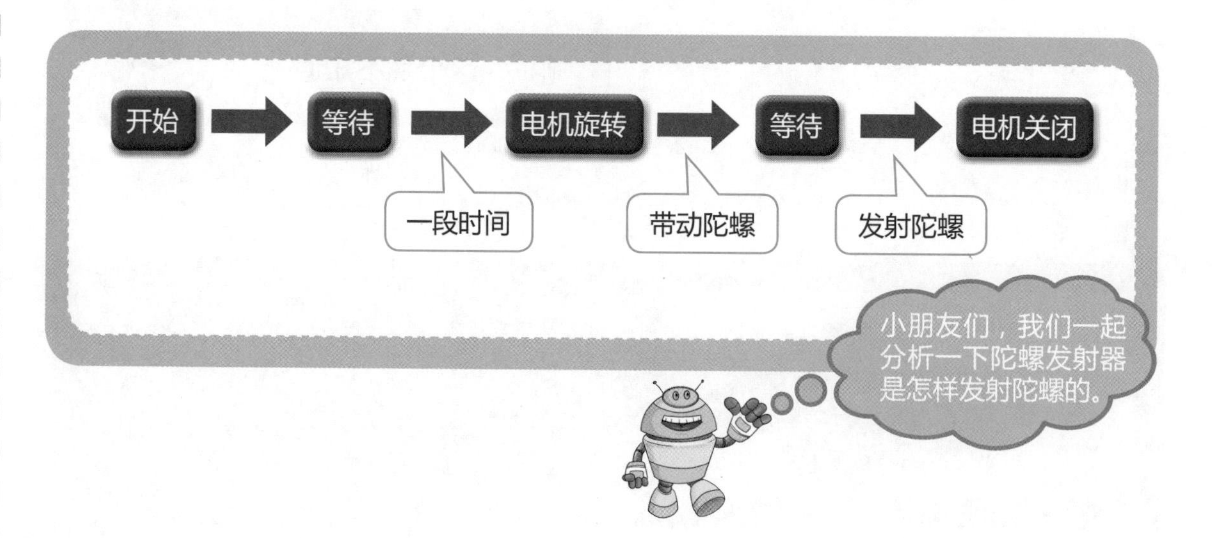

编程知识

小朋友们，根据上面的任务分析和老师的讲解，我们一起把下面的图整理出来吧！

在方框中的括号内填写正确的序号将程序补充完整。

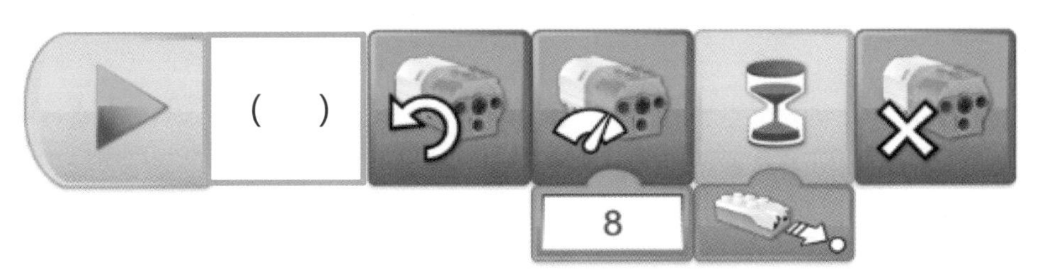

1　　　　2　　　　3　　　　4

6　　　　8

练一练

小朋友们，今天的课程结束了，我们一起来做几个小练习吧！

1. 陀螺是哪个国家发明的？（　　）

A. 

B.

C. 

2. 下面是运动传感器模块，哪种状态能检测到陀螺离开发射器？（　　）

A. 　　　　B. 　　　　C.

3. 大齿轮带小齿轮是什么装置？（　　）

A. 加速装置　　　　B. 减速装置　　　　C. 普通装置

晒一晒

作品照片粘贴处

第 14 课 食蝇草

小朋友们都知道很多动物捕食苍蝇、蚊子等昆虫，那你们见过能捕食昆虫的植物吗？这节课我们要做一棵能捕食昆虫的食蝇草，同学们有没有觉得很有趣啊！接下来我们就进入今天的课程吧。

扩展知识

童童，我很好奇食蝇草长什么样！

创创，我这就告诉你。

食蝇草百科

食蝇草，是原产于北美洲的一种多年生草本植物，是一种非常有趣的食虫植物，它的茎很短，在叶的顶端长有一个酷似“贝壳”的捕虫夹，且能分泌蜜汁吸引昆虫，当有小虫闯入时，能以极快的速度将其夹住，并消化吸收。

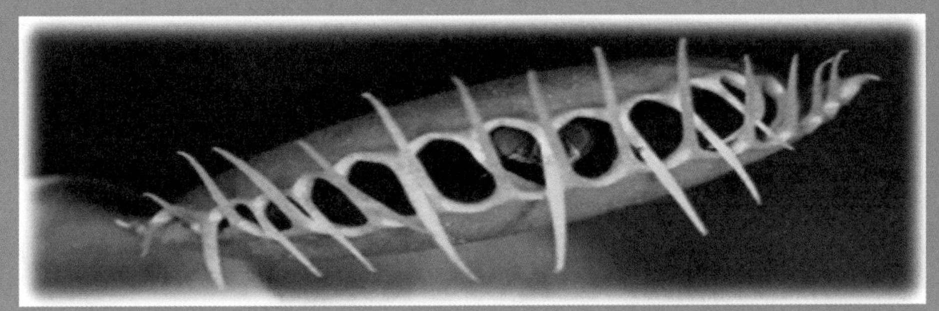

搭建知识

创创，你听了我对食蝇草的介绍，现在知道食蝇草长什么样了吧？

嗯！它长有一个“小贝壳”。

你说对了！食蝇草就是用它“小贝壳”一样的捕食夹来捕食昆虫的。

童童，我们做一棵食蝇草吧！

创创，你打算怎样搭建食蝇草的捕虫夹？

童童，我们在跳舞的小鸟那节课用了皮带传动的原理，我们也可以把皮带传动原理用在食蝇草捕虫夹的开关上面。

创创，你的想法不错哦！我们开始搭建吧！

任务分析

童童，食蝇草我已经搭建好了，你可以给它编写一个程序吗？

创创，我分析了一下食蝇草捕食昆虫的过程，你看看我分析的对吗？

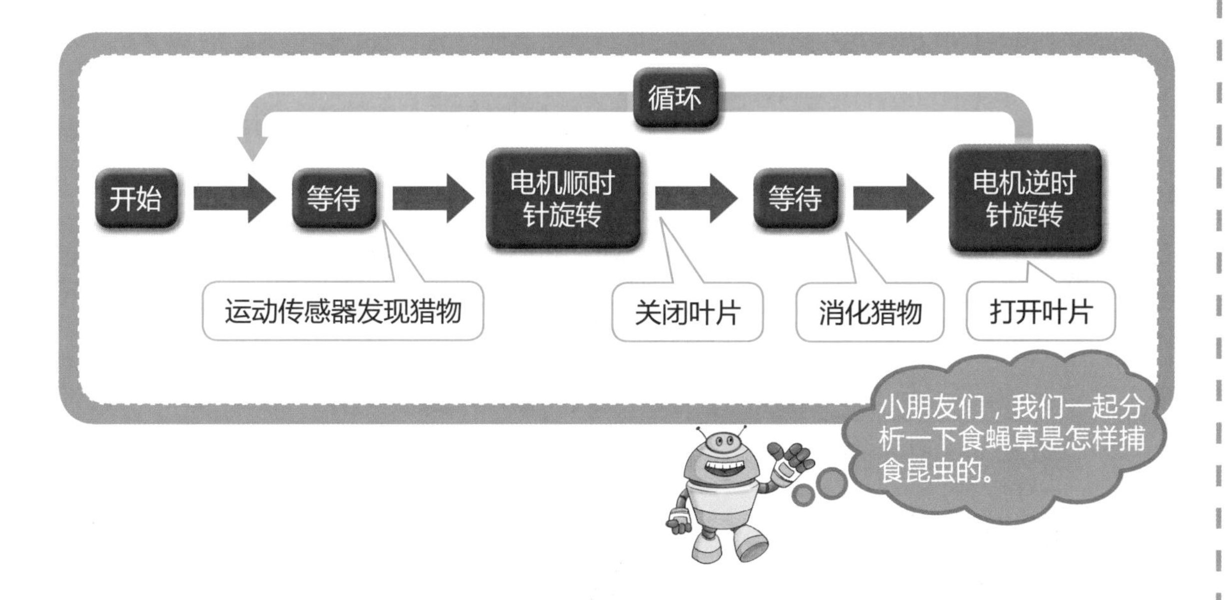

编程知识

小朋友们，根据上面的任务分析和老师的讲解，我们一起把下面的图补充完整吧！

在方框中的括号内填写正确的序号将程序补充完整。

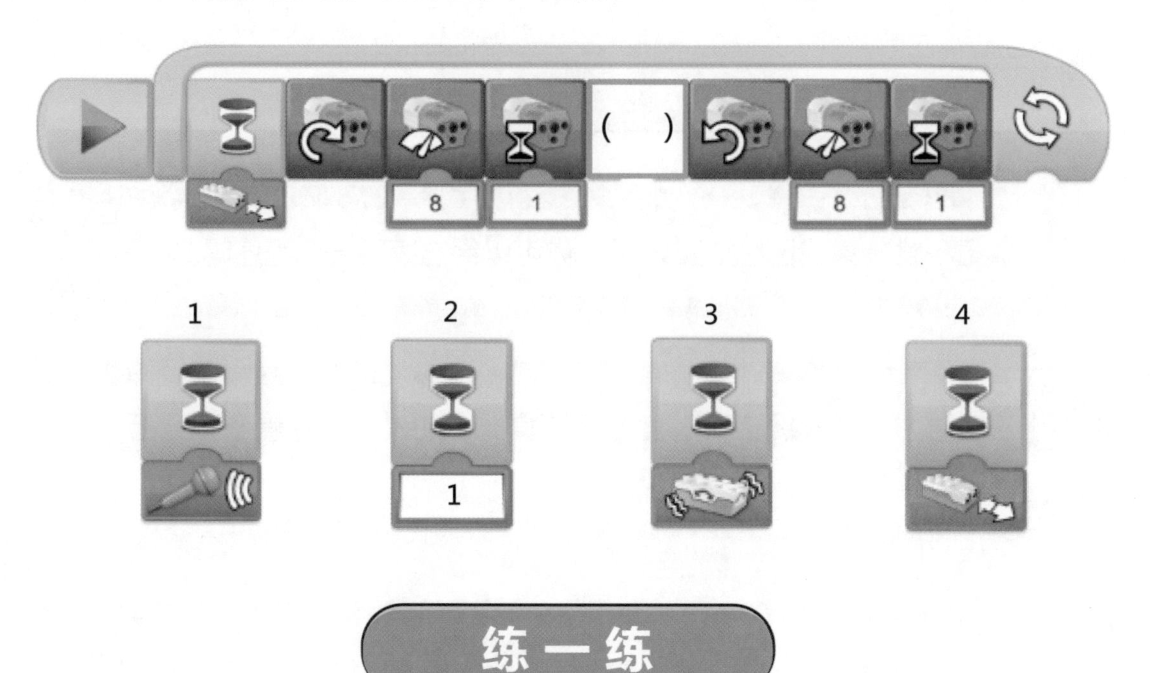

练一练

小朋友们，今天的课程结束了，我们一起来做几个小练习吧！

1. 食蝇草是用它的哪个部位捕食的？（ ）

A. B. C.

2. 食蝇草原产于哪个洲？（ ）

A. 大洋洲 B. 亚洲 C. 北美洲

3. 下面哪种植物也能捕食昆虫？(　　)

A. 太阳花　　B. 绿萝　　C. 猪笼草

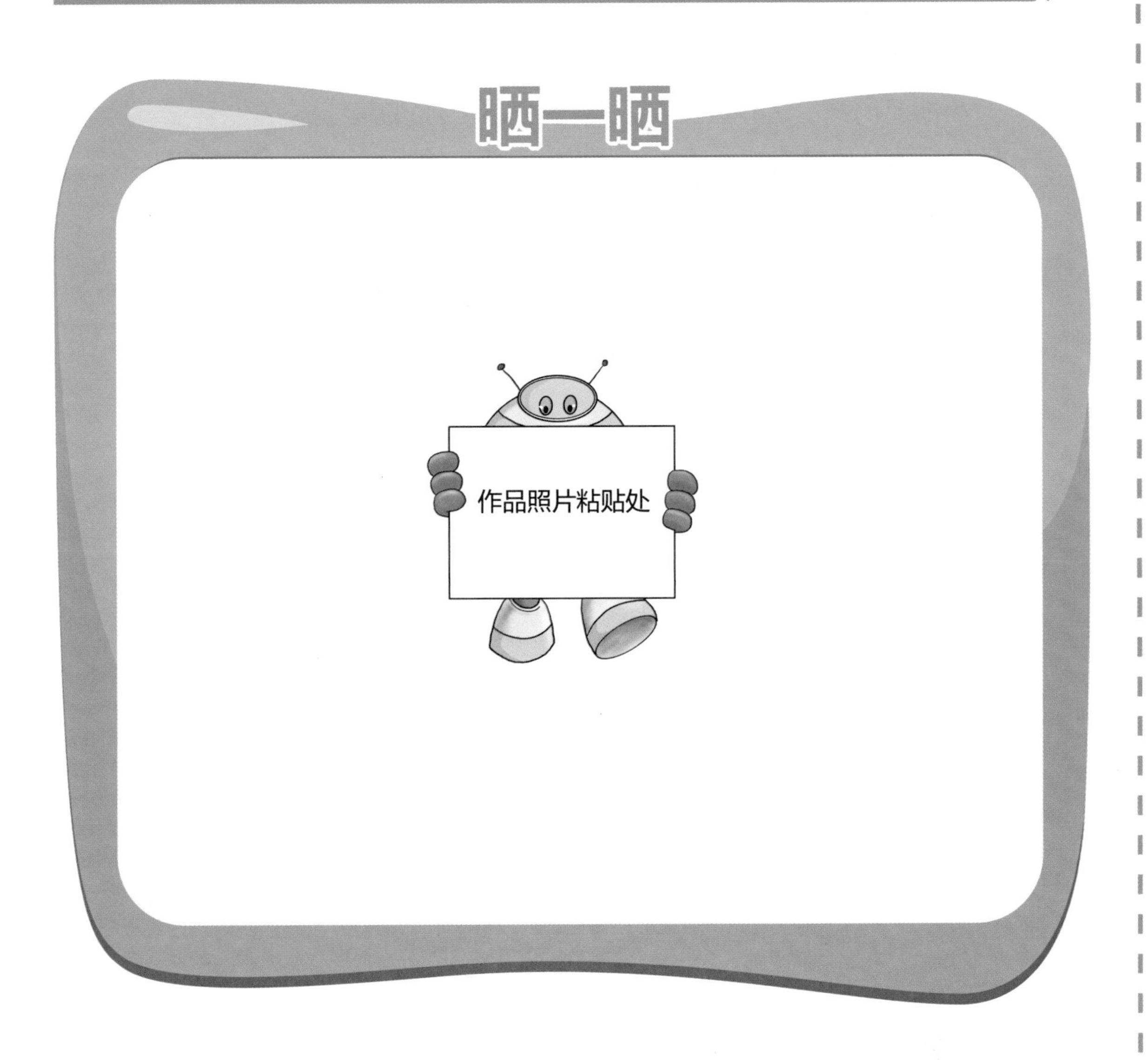

第15课 机械蛇

小朋友们好，这节课我要带大家用教具里面的集线器和电机搭建一条机械蛇，还会用到平板电脑来给机械蛇编程让它爬行，赶紧开始我们的课程吧！

扩展知识

童童，老师上节课在课堂上讲了“十二生肖”的知识，你还记得我们的属相是什么吗？

我们出生的那一年是“蛇年”，因此我们的属相是“蛇”。对于”蛇”这种动物，大家都了解到哪些知识呢？

蛇的习性

蛇是四肢退化的爬行动物的总称，其身体细长，体表覆盖有鳞。与多数动物不同，蛇的体温会随环境温度的变化而改变(俗称“冷血动物”)。当环境温度低于15℃时，蛇会进入冬眠状态。目前，全球共有3000多种蛇类，均为肉食性动物，但其中只有少部分蛇有毒。

搭建知识

小朋友们，了解了蛇的习性后，我们就一起来搭建一条栩栩如生的机械蛇吧！创创，你知道今天我们要用到哪个结构让机械蛇的身体摆动吗？

这个我知道，今天我们会用到铰链结构。

没错，这节课我们将用到铰链结构，让我们来看看要铰链结构的哪些知识吧！

铰链结构

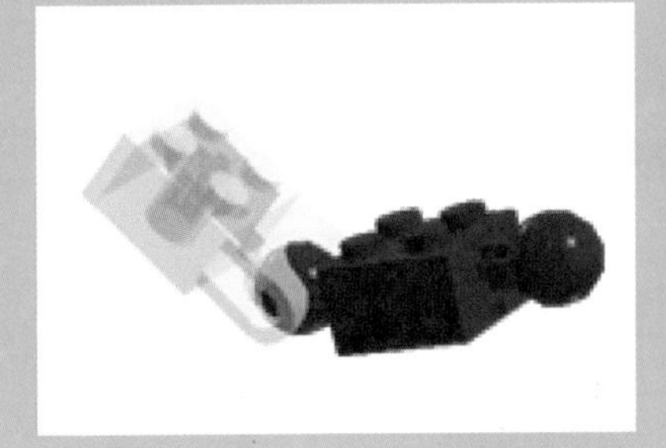

铰链又称合页，是用来连接两个固体并允许两者之间做相对转动的机械装置。本课作品中蛇的“头部 - 身体”以及“身体 - 尾部”之间的连接均应用了“铰链结构”，以保证蛇身自由地摆动。

任务分析

童童，机械蛇搭建完了。怎样才能让它爬行呢？

先别急，让我们先来分析一下吧！

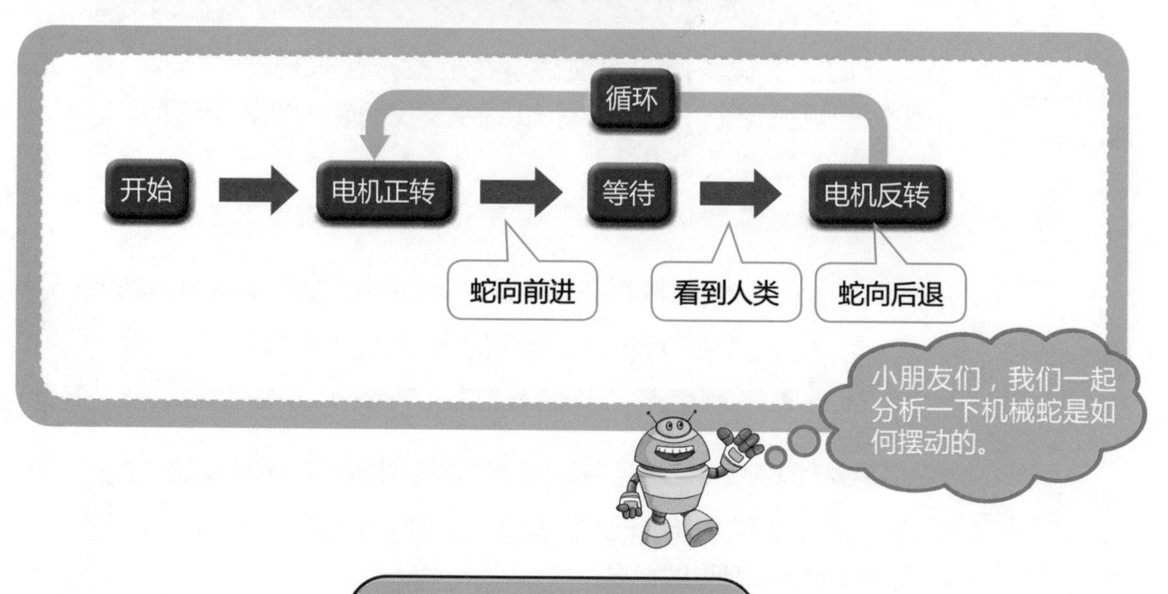

编程知识

小朋友们，根据上面的任务分析和老师的讲解，我们一起把下面的程序整理出来吧！

在方框中的括号内填写正确的序号将程序补充完整。

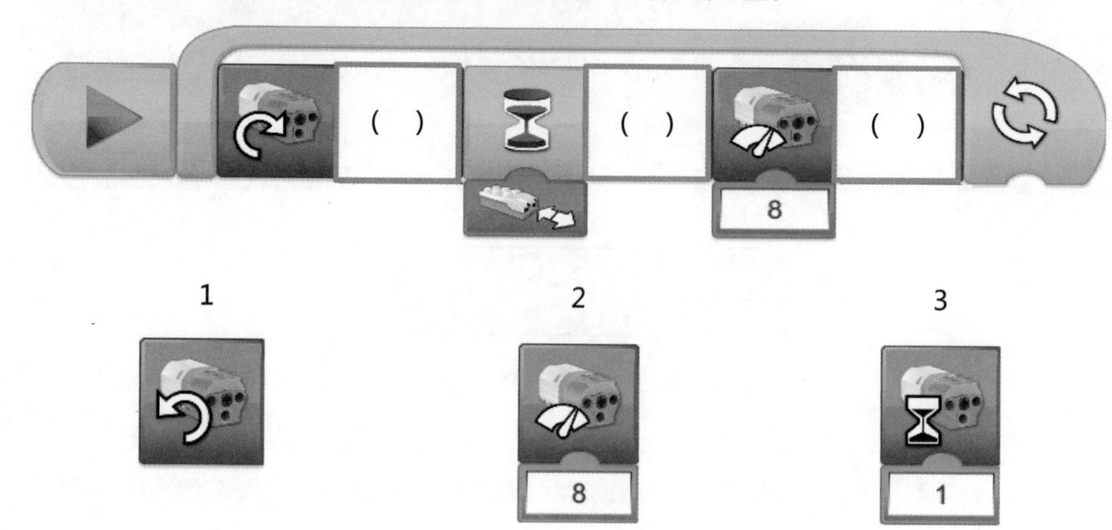

练一练

小朋友们，今天的课程结束了，我们一起来做几个小练习吧！

1. 当环境温度低于多少摄氏度时，蛇会进入冬眠？（　　）

A. 10℃　　B. 15℃　　C. 20℃

2. 机械蛇在爬行的过程中，身体的摆动依靠______结构实现。

3. 按照本课的任务要求编写出下列程序：

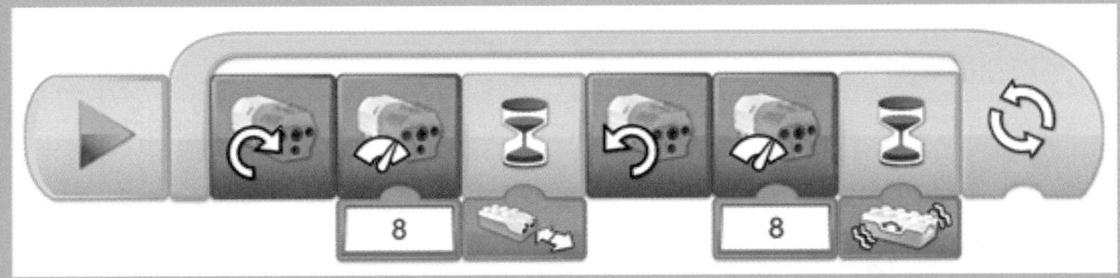

请找出上图所示程序中填错的模块。（　　）

A.

B.

C.

D.

晒一晒

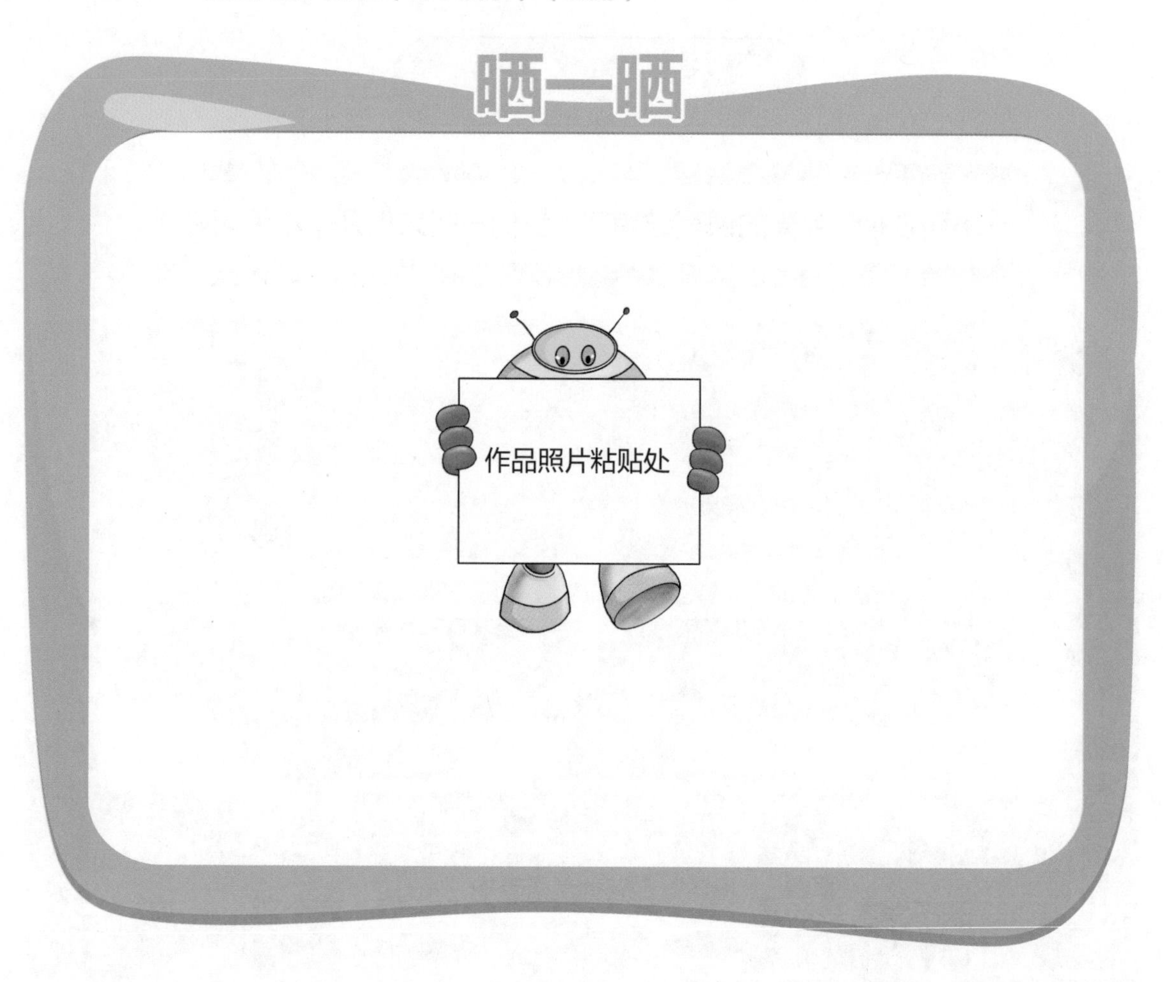

第 16 课 怒吼的狮子

小朋友们好，这节课我要带大家用教具里面的集线器和电机搭建一个狮子，还会用到平板电脑来给机器人编程让它在发现敌人后站起来怒吼，赶紧开始我们的课程吧！

扩展知识

童童，今天我和好朋友一起去动物园游玩，让我印象最深刻的就是狮子，它的样子好威风！

创创，狮子是凶猛的大型食肉动物，有“草原之王”的称号，与另一种大型食肉动物老虎一样同属于“猫科动物”。

猫科动物

“猫科”是生物学家对外形与猫近似的动物的统称，常见的猫科动物有狮、虎及豹。猫科动物具有发达的嗅觉、听觉、触觉和视觉，因此猫科动物绝大多数都是自然界的捕猎高手。目前已发现体型最大的猫科动物是非洲狮。

搭建知识

小朋友们，既然狮子是动物界的王者，就让我们一起搭建一只威风的狮子吧。创创，你知道今天我们要用到哪个器材让狮子站起来吗？

这个我知道，我们今天会用到“十字孔砖”和“销砖”。

没错，这节课我们将利用两种特殊砖，让我们来学习这两种特殊砖的作用吧！

“十字孔砖”与“销砖”

图 a

图 b

本课作品（狮子）的腿部主要依靠“十字孔砖”（图 a）和“销砖”（图 b）两种特殊砖与身体相连，从而实现腿部的摆动。前腿安装“十字孔砖”后，可利用“轴”与其相连达到控制腿部摆动角度的目的；后腿则不需控制摆动角度，而是随前腿自由摆动，所以安装“销砖”。

任务分析

童童，狮子搭建完了。怎样才能让它站起来呢？

先别急，让我们先来分析一下吧！

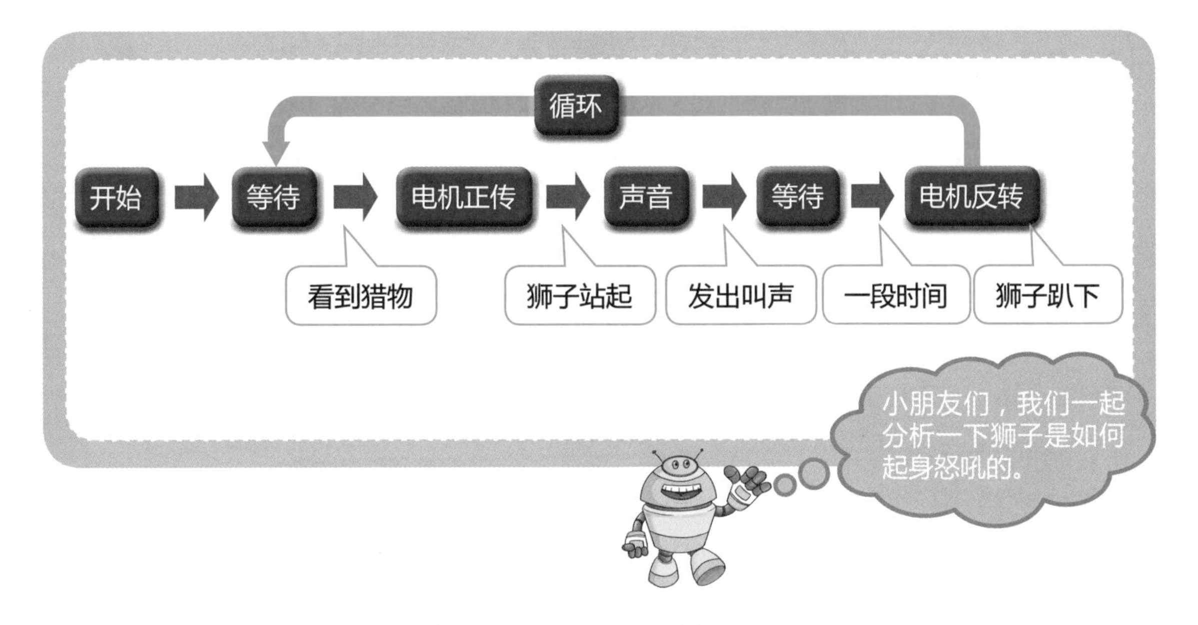

编 程 知 识

小朋友们，根据上面的任务分析和老师的讲解，我们一起把下面的图整理出来吧！

在方框中的括号内填写正确的序号将程序补充完整。

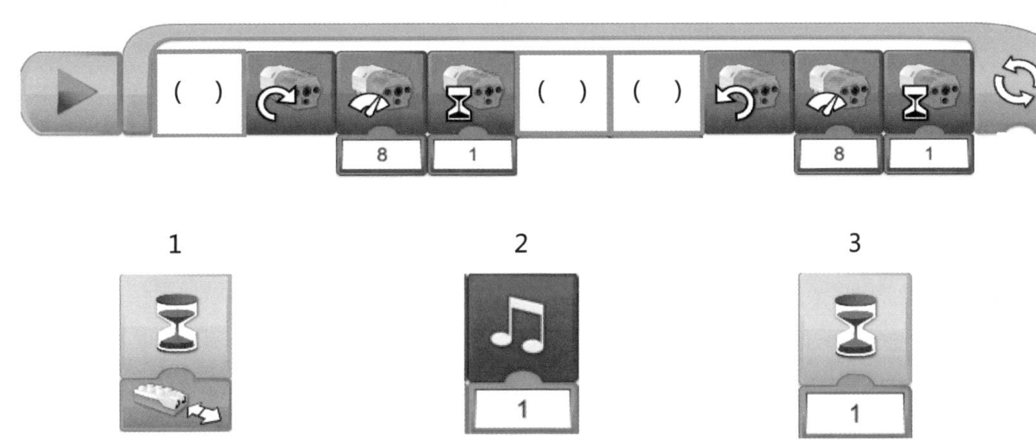

练一练

小朋友们，今天的课程结束了，我们一起来做几个小练习吧！

1. 下列哪种动物属于“猫科动物”？（　　）

A. 狗　　B. 狼　　C. 狮

2. 判断对错：“怒吼的狮子”的前腿部分通过“十字孔砖”传递电机的驱动力。（　　）

3. 制作好的狮子通过哪个程序模块保持“站立”的状态？（　　）

A.

B.

C.

D.

晒一晒

参考答案

第 1 课　足球运动员

1.A　2.B

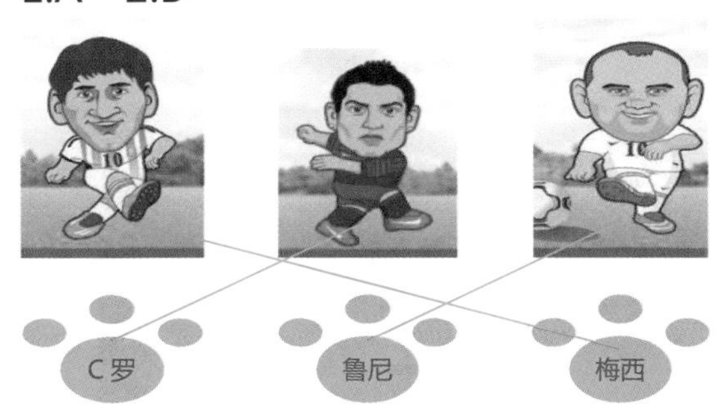

第 2 课　拔河比赛

1.B　2.C　3.B

第 3 课　安检仪

1.B　2.B　3.AC

第 4 课　车库门

1.C　2.C　3.B

第 5 课　飞机救援

1.B　2.B　3.A

第 6 课　旋转广告牌

1.B　2.B　4.ABCD

第 7 课　跳舞的小鸟

1.C　2.B

3.

第 8 课　海洋生物

1.C　2.B

3.

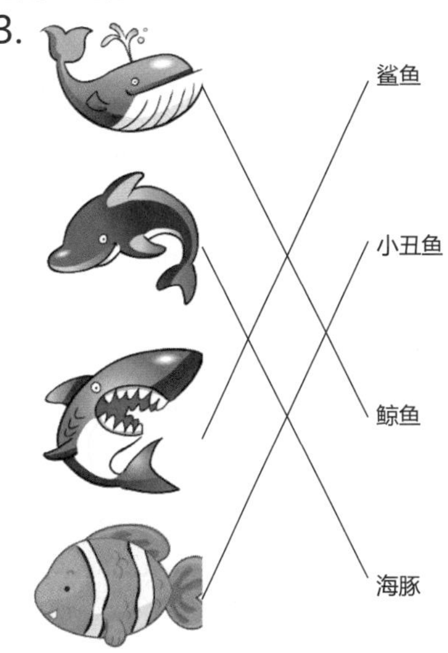

第 9 课　赛车

1.D　2.D

3.

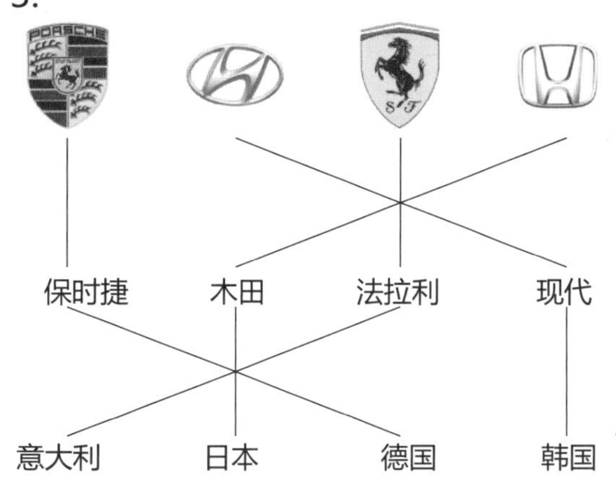

第 10 课　蜜蜂采蜜

1. x √√ x　2.C　3.D　4.A C B D

第 11 课　青蛙

1.A C B

2.

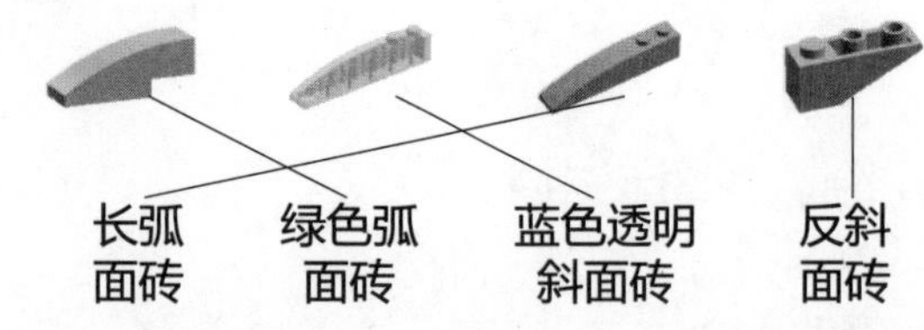

3. 都表示等待一定的时间。前者表示等待电机转动一定的时间。后者表示程序会保持前面程序最后的运行状态，等待相应秒数的时间、这段时间之后，程序继续向后运行。

第 12 课　自动门

1. √ √ x　2. B　3. 升降电梯、小区门口的道闸。

第 13 课　聪明的陀螺

1.A　2.B　3.A

第 14 课　食蝇草

1.B　2.C　3.C

第 15 课　机械蛇

1.B　2. 铰链　3.C

第 16 课　怒吼的狮子

1.C　2. √　3.C

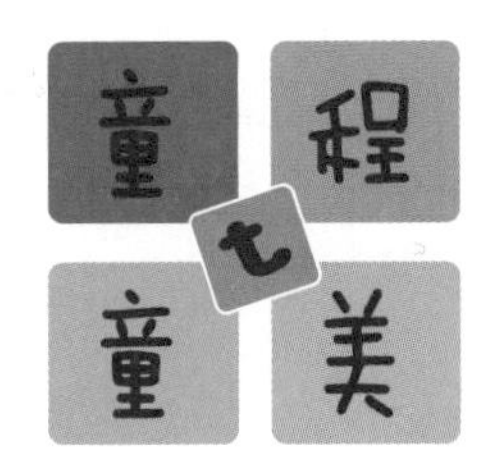

WeDo 2.0 智能机器人编程

（科学启蒙）

（下册）

达内童程童美教研部　编著

電子工業出版社
Publishing House of Electronics Industry
北京・BEIJING

图书在版编目（CIP）数据

WeDo 2.0 智能机器人编程：科学启蒙：全 2 册 / 达内童程童美教研部编著. —北京 : 电子工业出版社，2018.6

ISBN 978-7-121-34396-4

Ⅰ. ① W… Ⅱ. ①达… Ⅲ. ①智能机器人 – 程序设计 – 少儿读物 Ⅳ. ① TP242.6-49

中国版本图书馆 CIP 数据核字（2018）第 122900 号

策划编辑：蔡　葵
责任编辑：徐　磊
印　　刷：北京缤索印刷有限公司
装　　订：北京缤索印刷有限公司
出版发行：电子工业出版社
　　　　　北京市海淀区万寿路 173 信箱　邮编：100036
开　　本：787×1 092　1/16　印张：10.5　字数：252 千字
版　　次：2018 年 6 月第 1 版
印　　次：2021 年 7 月第 10 次印刷
定　　价：69.90 元 (全 2 册)

凡所购买电子工业出版社图书有缺损问题，请向购买书店调换。若书店售缺，请与本社发行部联系，联系及邮购电话：（010）88254888，88258888。

质量投诉请发邮件至 zlts@phei.com.cn，盗版侵权举报请发邮件至 dbqq@phei.com.cn。

本书咨询联系方式：（010）88254595，xdhx@phei.com.cn。

序

2016 年 5 月，由中共中央、国务院发布的《国家创新驱动发展战略纲要》指出：“创新驱动是国家命运所系。国家力量的核心支撑是科技创新能力。”“科技和人才成为国力强盛最重要的战略资源。”培养更多的具备科学素养，具有创新能力、独立思考能力的人才是当前教育工作的重中之重！

达内集团童程童美作为少儿 STEAM 教育行业的领军企业，针对 6 到 18 岁的青少年推出了智能机器人编程全套课程，整个课程体系知识完整，进阶清晰，设计合理。本书作为该套课程的配套教材，童程童美教研部的老师们花费了大量心血，从初稿、二稿、终稿到一审、二审、终审，层层把关，确保把优质的机器人课程教材呈献给广大读者。

每节课包括以下几部分内容。

扩展知识：通俗地介绍本节课涉及的百科知识，如物理、化学、天文、地理、数学、历史等学科。

搭建知识：重点介绍本节课搭建作品中的核心结构，而不是采用分步骤搭建图的方式呈现，目的是不限制小读者的思维，充分发挥大家的想象力、创造力。

编程知识：重点介绍本节课学习的新的编程模块，深度剖析，举一反三。同时还会介绍一些编程技巧，以及如何养成良好的编程习惯。

试一试：根据任务要求，小读者可以尝试着画出程序流程图。编程思维的培养重点在于是否能理解程序的思路，而不是掌握编程步骤，所以会画流程图很重要！

练一练：在每一节课的末尾设计了有探索性和延展性的课后习题部分，小读者可以通过查资料或者复习的方式找到答案，从而达到温故知新的效果。

机器人课程的教育宗旨是“边做边学”，所以在学习本书时，小读者应该边搭建、边思考、边编程、边探索，这样，本教材才会发挥其最大的作用。

最后，希望小读者们都能够从本书中获得快乐，并且学到很多东西！人工智能的时代来了，让机器人陪伴中国儿童一起成长。

前　言

这是一本指导中国青少年（尤其是小学一年级左右的学生）探究、学习机器人的书籍，全书引领学生独立探索问题，让学生多思考、多动脑，结合每节课丰富有趣的机器人作品，让学生在开心、快乐的氛围中学习知识。

本书将带领学生了解和学习不同学科的知识，结合小朋友们在生活中常见的动物及事物，分析它们的结构及功能，过程中会学习到包含生物学、机械学、物理学、数学、设计学等一系列的学科知识，从学生能理解的角度出发去解析、设计课程，让学生带着兴趣去探索未知，真正做到“玩中学”，不仅开心，还可以收获很多知识，提高各方面的能力。

机器人课程旨在培养学生具备解决未知问题的能力，不论是在今后的学习、工作还是生活过程中，人人都会遇到未知问题，如何有效地解决未知问题，考验的不单单是学生某一门知识或某项能力，而是综合的知识与能力。本书中每一节课的任务都是一个未知问题，通过循序渐进的学习，不断提升学生各个领域的知识和综合能力。

机器人课程具体提高学生的哪些能力呢？学生们首先要分析问题（分析能力），发挥想象力、创造力（创新能力），利用学习到的知识，设计解决方案（设计能力），动手实现（动手能力），在实现的过程中，必然会遇到问题、错误，及时纠正，不断尝试（受挫力、耐心），同时与他人合作（团队协作能力、沟通表达能力），最终完成作品。所以机器人课程就是在不断地培养学生去解决一个个未知问题，在这个过程中，学生可以学习到多学科知识，同时锻炼多方面的能力！

本书每节课包括课前引导说明、扩展知识、搭建知识、任务分析、编程知识、练一练、晒一晒七个环节，更加科学、合理地去设计每节课。接下来为大家介绍每一个环节的作用：

课前引导说明：帮助学生快速了解本节课的重点内容；

扩展知识：让学生了解与本节课作品相关的一些生活中的物理、生物、数学方面知识、常识；

搭建知识：讲解本节课作品搭建过程中，所要用到的物理、机械方面的知识点，在了解重点结构的基础上，鼓励学生自主设计机器人的外观及传动装置等；

任务分析：针对低龄学生，拆分任务，让学生更清晰、直接地了解机器人的运行过程；

编程知识：讲解每节课的机器人作品，在编写程序时涉及的新知识点和难点，帮助学生理清思路，循序渐进地掌握机器人的编程逻辑；

练一练：通过课后练习题，帮助学生巩固本节课的知识；

晒一晒：完成任务后，将学生与作品的合影贴于此处，保留精彩瞬间。

作者期望通过精心的设计和编写，不断地修改和完善，提升本书的品质。愿本书陪伴学生，在开心愉悦的氛围中收获知识，提高独立分析问题、解决问题的能力，让机器人伴随中国儿童健康、快乐地成长。

编著者

目　录

WeDo 体验课 01 引入讲解

引入本节课的主题

WeDo 体验课 02 知识讲解

讲解相应的知识点

WeDo 体验课 03 作品搭建

根据提示和引导搭建本节课的作品

WeDo 体验课 04 任务分析

分析编程思路

WeDo 体验课 05 编程讲解

程序编写及调试

WeDo 体验课 06 合作搭建

锻炼学员的合作能力，将搭建好的作品连接起来

WeDo 体验课 07 合作编程

锻炼学员的合作能力，让两个机器人共同完成任务

WeDo 体验课 08 作品展示

锻炼语言组织能力、语言表达能力

第 17 课 苏醒的巨人

小朋友们好，这节课我要带大家用教具里面的集线器和电机搭建一个巨人，还会用到平板电脑来给机器人编程让它苏醒，赶紧开始我们的课程吧！

童童，我的好朋友发现了一张巨人王国的藏宝图，他们在寻宝的过程中遇到了凶猛的巨人，需要我们的帮助。

创创，别急，我已经想到了应对巨人攻击的办法。不过，世界上有很多巨人王国遗迹，不知你的朋友去的是哪里？

巨人遗迹

在神秘的远古时代，世界各地曾先后出现过多个疑似巨人文明的遗迹，包括：南美洲的复活节岛石像，美国加利福尼亚州的巨人墓穴等。其中，巨人遗迹相对密集的区域是英国。

搭建知识

小朋友们，来到探险区域后，我们就要开始搭建巨人了。创创，你知道今天我们要用到哪个结构让巨人坐起来吗？

这个我知道，我们今天会用到蜗轮蜗杆装置。

没错，这节课我们将利用蜗轮蜗杆装置，让我们来看看今天要学习蜗轮传动的哪些知识吧！

蜗轮蜗杆

“蜗轮蜗杆”装置由蜗杆、蜗轮（中齿轮）及蜗轮箱（水晶箱）组成，其作用为：

1. 降低传动速度
2. 自锁：蜗轮无法带动蜗杆转动
3. 改变传动方向
4. 省力

任务分析

童童，巨人搭建完了。怎样才能让他坐起来呢？

先别急，让我们先来分析一下吧！

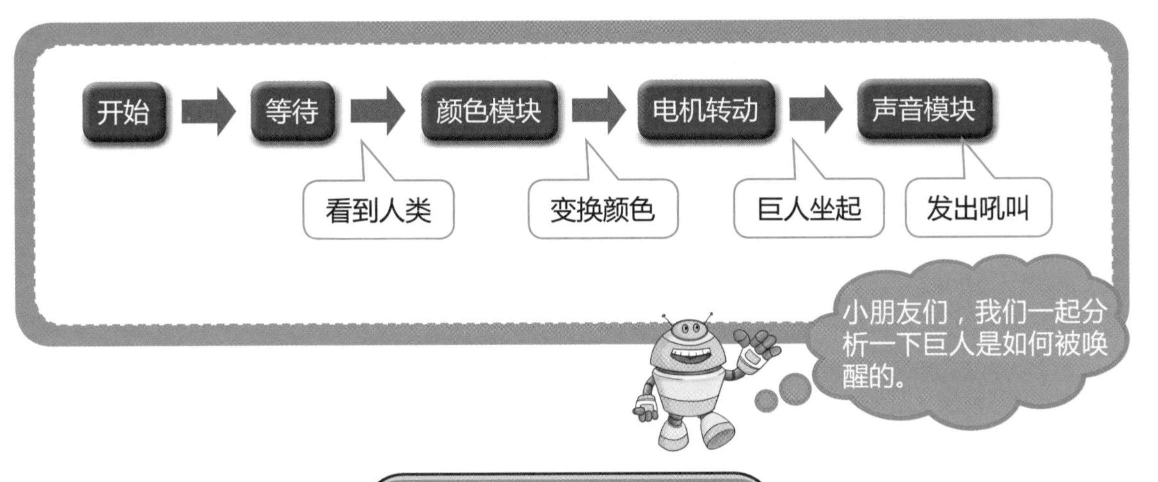

编程知识

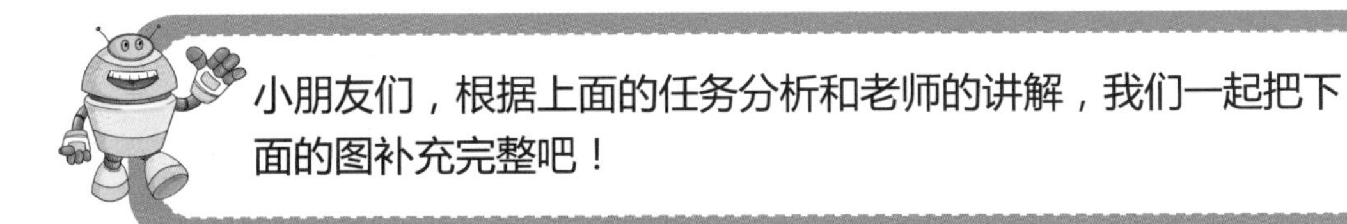

在方框中的括号内填写正确的序号将程序补充完整。

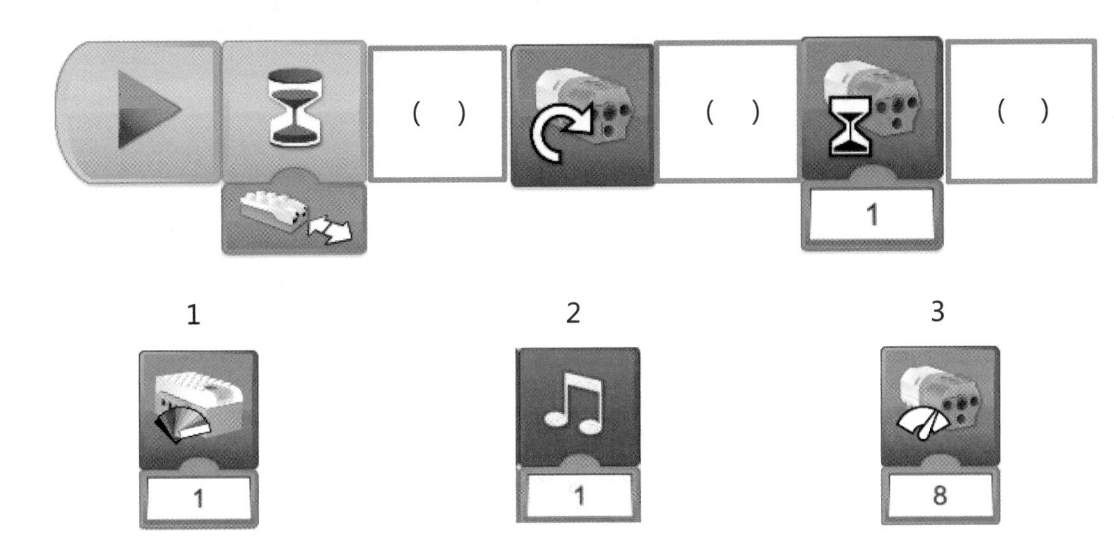

练一练

小朋友们，今天的课程结束了，我们一起来做几个小练习吧！

1. 世界上巨人遗迹相对密集的国家是？（　　）

A. 美国　　B. 英国　　C. 中国

2. 下面哪个不是“蜗轮蜗杆”装置的作用？（　　）

A. 改变传动方向　　B. 自锁　　C. 加快传动速度　　D. 省力

3. 制作好的巨人通过哪个程序模块发现人类？（　　）

A.

B.

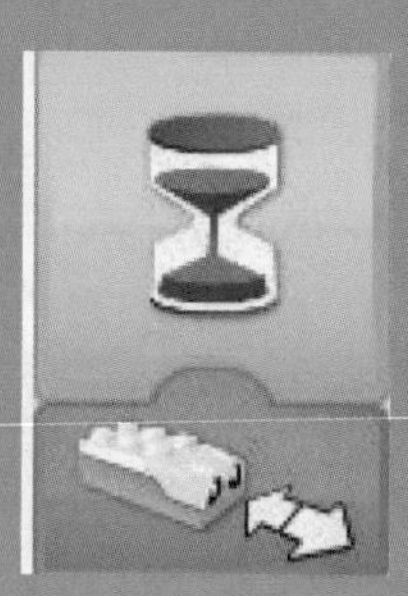

C.

D.

晒一晒

第18课 叉车

小朋友们好，这节课我要带大家用教具里面的集线器和电机搭建一辆叉车，还会用到平板电脑来给机器人编程让它搬运货物，赶紧开始我们的课程吧！

扩展知识

童童，我的朋友们今天来家中做客，我想制作美味的蛋糕招待他们，可是做蛋糕的面粉还在仓库里。

创创，搬运较重的面粉就交给叉车来帮忙吧。可是你知道该怎样操作叉车进行搬运吗？

叉车操作

叉车是指对成件托盘货物（将成件物品堆垛在托盘上，连盘带货一起装入运输工具运送物品的运输方式）进行装卸和短距离运输作业的各种轮式搬运车辆。较一般汽车，叉车的驾驶舱内增加了操纵杆用以控制叉车前方货叉的升起和落下。

搭建知识

小朋友们，要搭建搬运沉重货物的叉车，我们就需要一个既省力又稳定的结构，上一课中提到的“蜗轮蜗杆”装置，刚好符合要求。但我们仍需解决搬运时货物会倾斜的问题。

这个我知道，我们今天还会用到平行四边形结构。

没错，这节课我们还会利用平行四边形结构，通过我们的搭建，可以让它的上下两个边在传动过程中，始终保持水平状态。让我们来看看平行四边形结构有哪些特点吧！

平行四边形结构

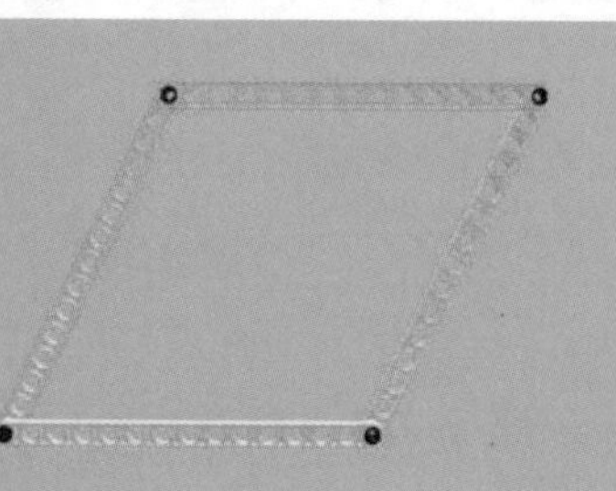

平行四边形结构由四条边组成，每两条对边相互平行。平行四边形具有如下特征：

1. 不稳定结构（可以变形）
2. 两组对边在运动时始终相互平行

任务分析

童童，叉车搭建完成了。怎样才能让它开始搬运呢？

先别急，让我们先来分析一下吧！

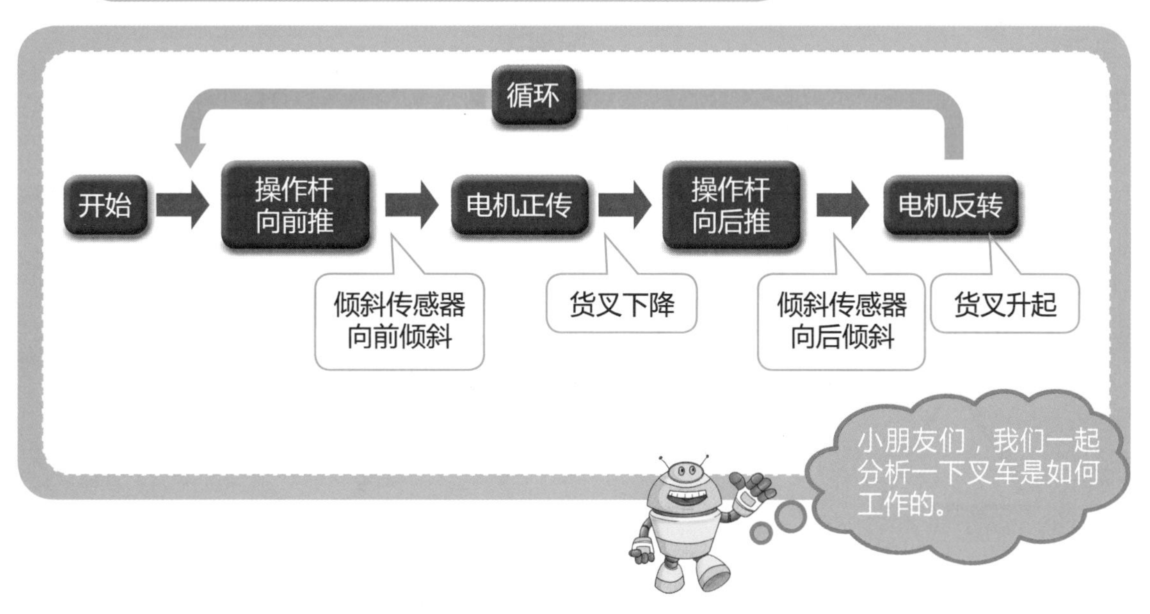

编程知识

小朋友们，根据上面的任务分析和老师的讲解，我们一起把下面的图补充完整吧！

在方框中的括号内填写正确的序号将程序补充完整。

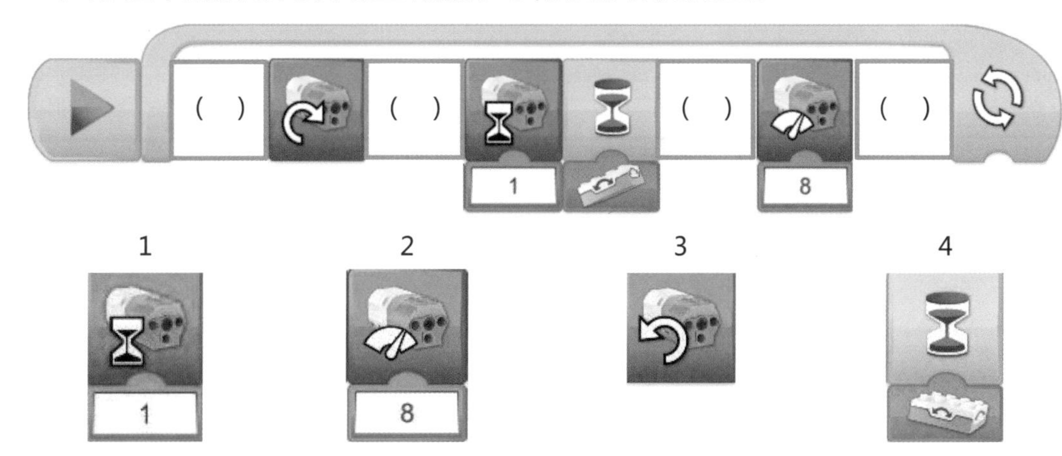

练一练

小朋友们，今天的课程结束了，我们一起来做几个小练习吧！

1. 与普通车辆相比叉车具备哪个特殊结构？（　　）

A. 车轮　　B. 车身　　C. 货叉

2. 为解决叉车搬运时货物会倾斜的问题而采用的几何结构是？（　　）

A.　　B.　　C.

3. 连一连：把模块图标和相对应的模块名称连起来。

前倾模块　　后倾模块　　右倾模块　　震动模块

第 19 课 爬坡小车

小朋友们好，这节课我要带大家用教具里面的集线器和电机搭建一个四驱车，还会用到平板电脑来给四驱车编程让它爬坡，赶紧开始我们的课程吧！

扩展知识

童童，周末爸爸要开车带着我们去郊游，可是野外的路崎岖不平，车轮陷到泥坑里很容易被卡住，该如何解决这个问题呢？

创创，我们在野外出行时通常要驾驶越野车，它能够在各种复杂的路面上行驶。因此，越野车和普通轿车在设计上有一定区别。

»» 越野车 «

越野车是一种为越野而特别设计的汽车，主要特点是四轮驱动，较高的底盘、抓地性较好的轮胎、较高的排气管、强劲的马达和结实的保险杠。结实的车身和强大的驱动力确保越野车能够在复杂的路面上长时间稳定行驶。

搭建知识

小朋友们，讲完越野四驱车的特性，我们就要开始搭建四驱车了。创创，你知道今天我们要用到哪个结构让车子实现“四轮驱动”吗？

这个我知道，我们今天会用到齿轮传动。

没错，这节课我们利用齿轮传动结构，而且还会用到一个特殊齿轮——锥齿轮，实现轮轴与传动轴间的相互带动。让我们来看看今天要学习的齿轮传动知识。

齿轮传动

齿轮是可以传递运动和力的机械零件，其具有如下特性：

1. 大齿轮带动小齿轮为加速传动
2. 两个齿轮垂直啮合可以改变传动方向

任务分析

童童，四驱车搭建完成了。怎样才能让它实现爬坡功能呢？

先别急，让我们先来分析一下吧！

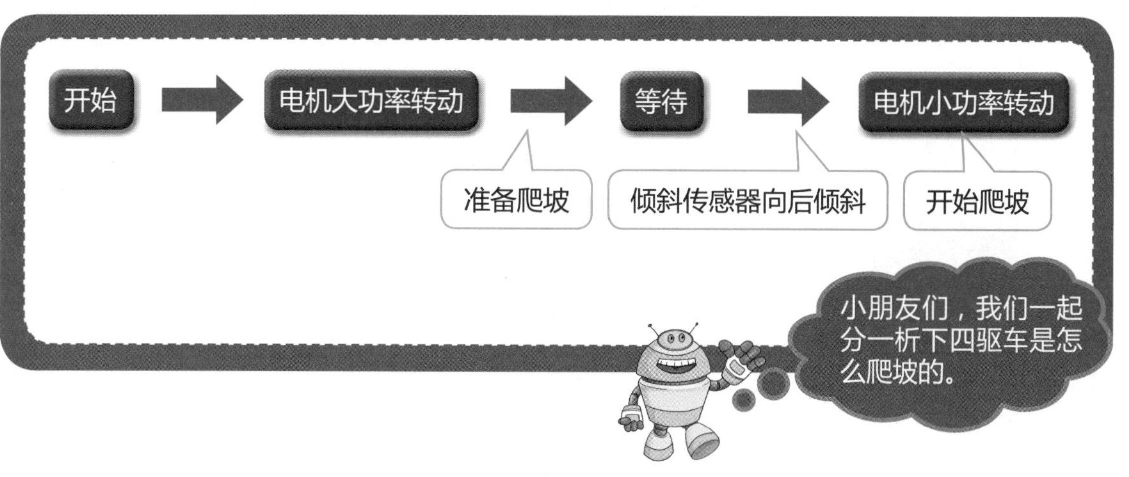

童童，开始爬坡的时候为什么要减速行驶呢？

创创，汽车在爬坡时需要克服“重力”的作用，这就需要汽车增加爬坡时的“牵引力”（牵引力：方向向车前方，爬坡时方向为斜上方，可以理解为是拉动汽车前进的力），降低车速可以增加爬坡时的“牵引力”。

编程知识

小朋友们，根据上面的任务分析和老师的讲解，我们一起把下面的图补充完整吧！

在方框中的括号内填写正确的序号将程序补充完整。

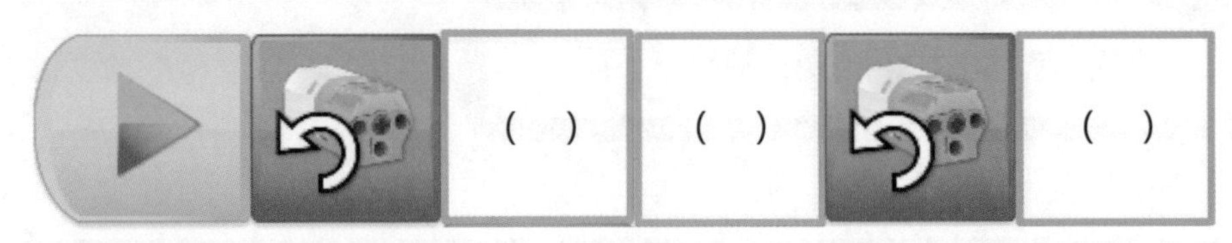

1

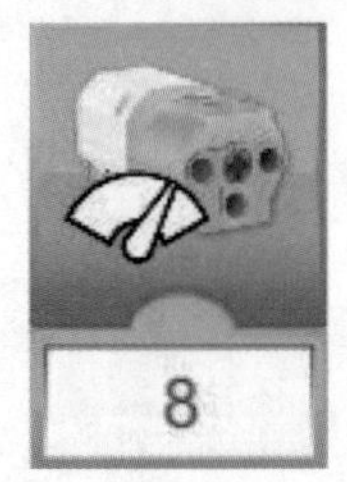

2

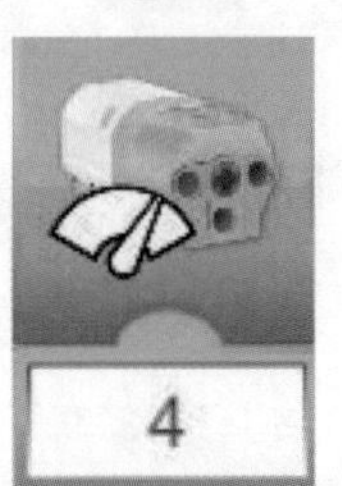

3

练一练

小朋友们，今天的课程结束了，我们一起来做几个小练习吧！

1. 下列哪一项不是越野车的特点？（　　）

A. 高底盘　　B. 流线型车身

C. 四轮驱动　　D. 结实的保险杠

2. 下面哪种齿轮是锥齿轮？（　　）

A.

B.

C.

D.

3. 在完成本课学习后，想到自己的小车在爬到坡顶时需要减速行驶以避免速度过快带来的危险，其编写的程序如下：

请利用下面的模块将图中程序补全以实现“抵达坡顶减速”的功能。

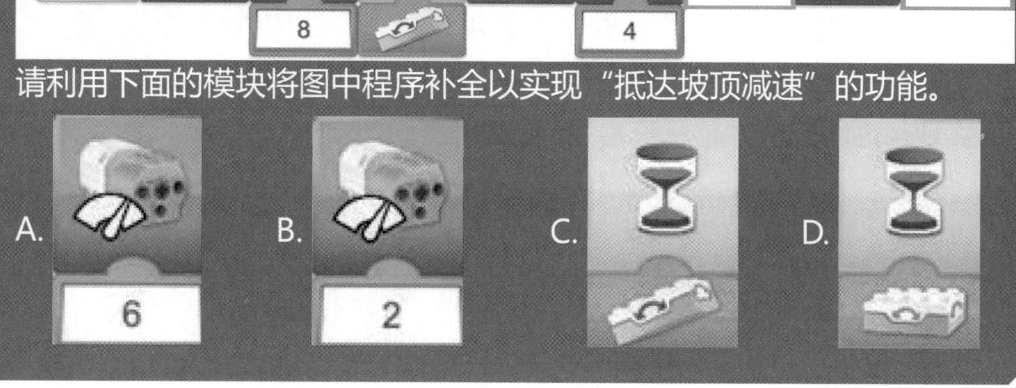

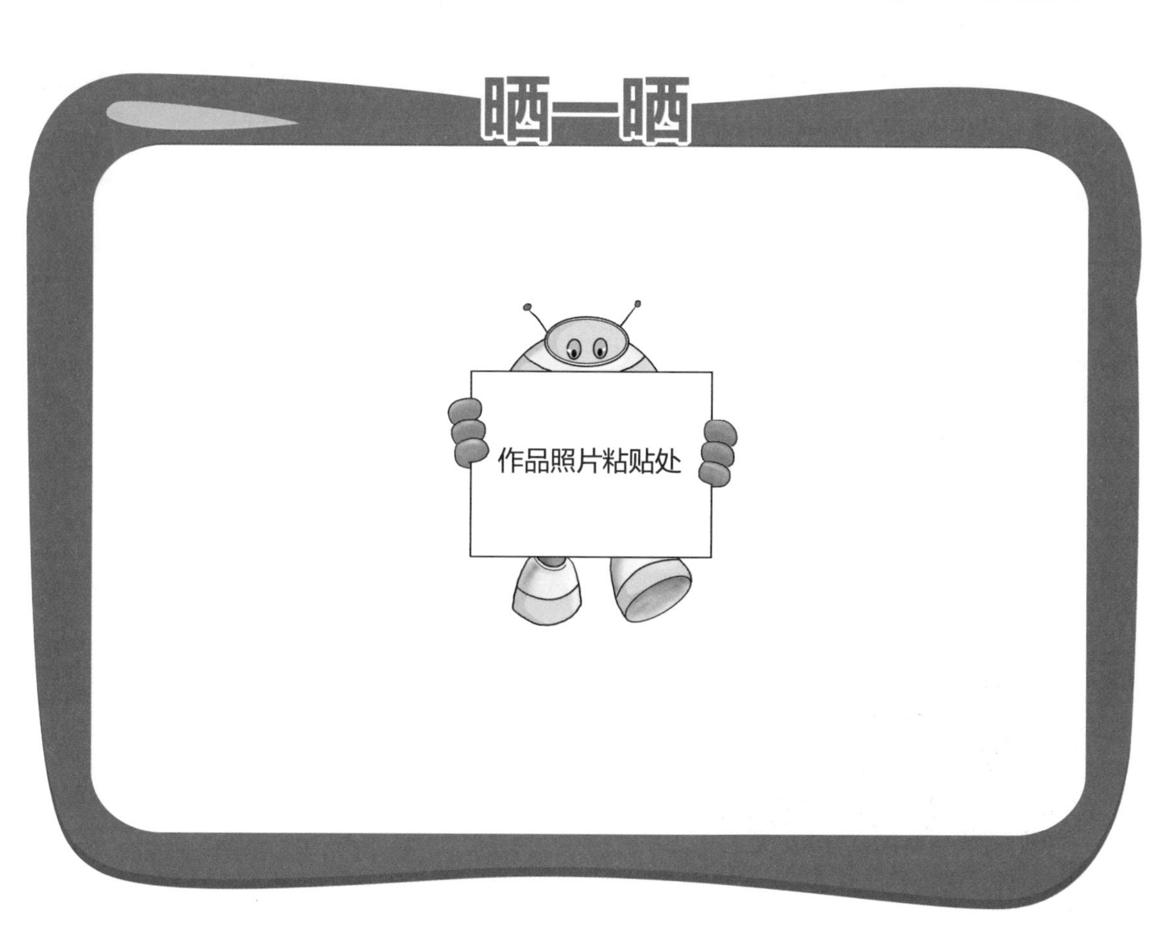

第 20 课 开合桥

小朋友们好，这节课我要带大家用教具里面的集线器和电机搭建一座开合桥，还会用到平板电脑来给开合桥编程实现桥面的开合，赶紧开始我们的课程吧！

扩展知识

童童，今天我在上学的路上看到一座神奇的大桥，它可以在船舶通过大桥前打开桥面。

创创，你见到的一定是开合桥。它既能够实现一般桥梁渡河的作用，又不妨碍河面上的船只通行。历史上建成过很多开合桥，其中最著名的当属伦敦塔桥。

伦敦塔桥

伦敦塔桥始建于 1886 年，桥身横跨泰晤士河，是伦敦的标志性建筑。桥体分上下两层，下层通车，上层为人行通道。当有大型船只渡河时，下层桥面会自动分开，待船只通过后，再合拢桥面。

搭建知识

小朋友们，看完雄伟的伦敦塔桥，大家是不是都急着要创造一座属于自己的开合桥？创创，你知道今天我们要用到哪个结构让开合桥实现“桥面开合”的功能吗？

这个我知道，我们今天还会用到“蜗轮蜗杆”。

没错，“蜗轮蜗杆”装置可以让桥体运动，但只有“蜗轮蜗杆”还不够，我们还需要杠杆结构实现桥体的旋转。

杠杆结构

一个坚固的物体围绕固定的点旋转的结构叫做“杠杆”，本课作品中桥面围绕蜗轮进行旋转形成“杠杆”结构，桥面与蜗轮的接触位置即为“杠杆”的“支点”。

任务分析

童童，开合桥搭建完成了。怎样才能让它实现“桥面开合”的功能呢？

先别急，让我们先来分析一下吧！

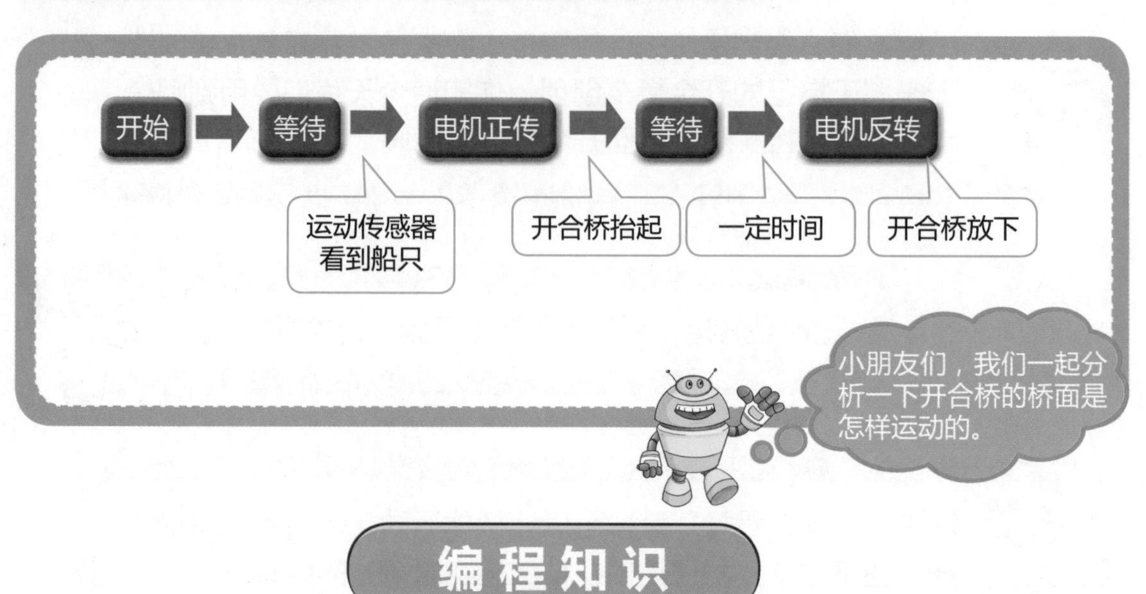

编程知识

小朋友们，根据上面的任务分析和老师的讲解，我们一起把下面的图补充完整吧！

在方框中的括号内填写正确的序号将程序补充完整。

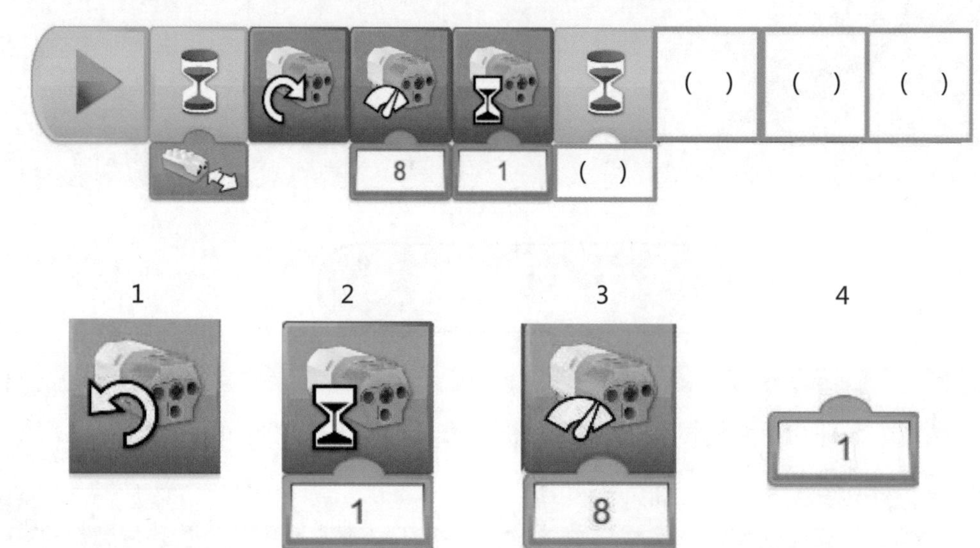

练一练

小朋友们，今天的课程结束了，我们一起来做几个小练习吧！

1. 伦敦塔桥始建于 1886 年，是一座典型的（　　）。

A. 斜拉桥　　B. 桁架桥　　C. 开合桥　　D. 拱桥

2. 搭建本课作品时，除了“蜗轮蜗杆”装置，我们还应用了（　　）。

A. 齿轮传动　　B. 皮带传动　　C. 连杆结构　　D. 杠杆结构

3. 填空：日常生活中，河面上每有一艘船通过开合桥，桥面就需要开合一次，且桥面打开后需要留出较长时间让船舶通过。为实现多次开合桥面功能，则需在本课程序基础上增加________模块；为延长桥面处于“打开”状态的时间，需要调整________模块的时间参数。

晒一晒

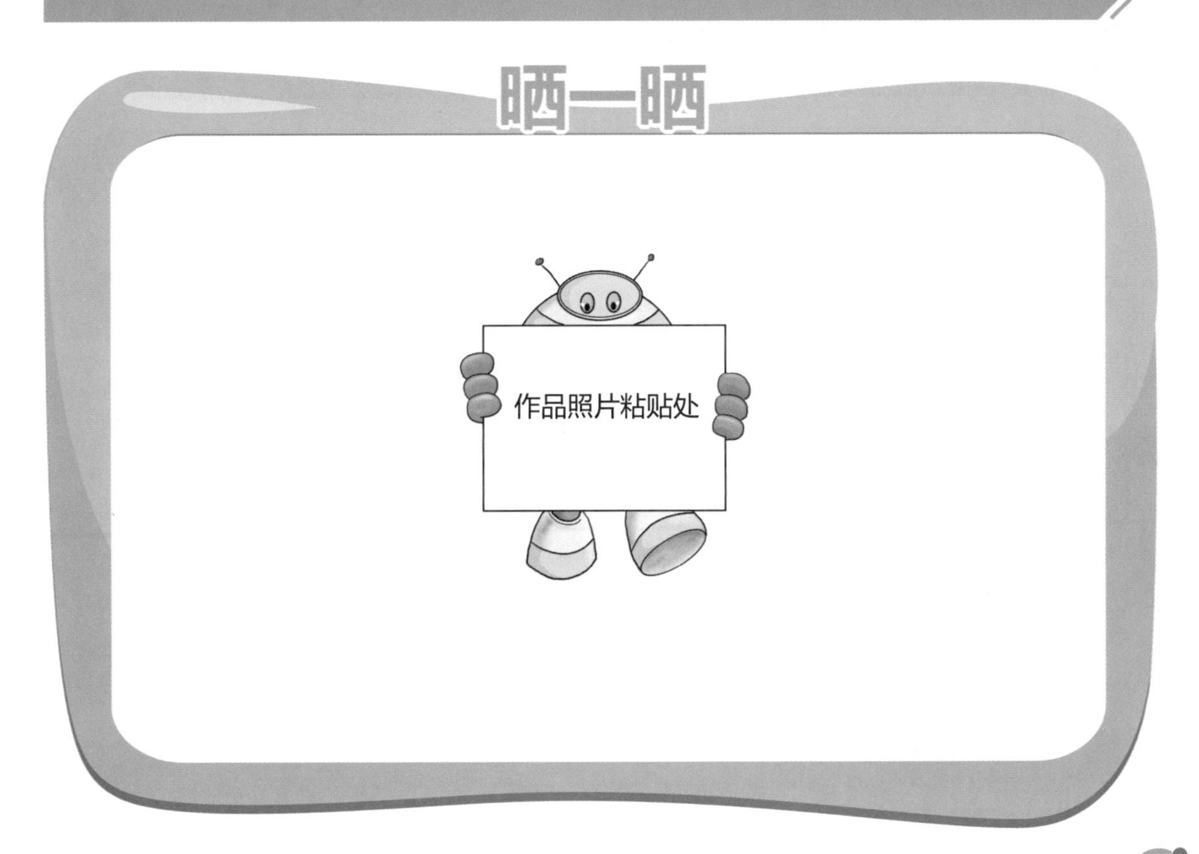

第21课 大地震

小朋友们好，这节课我要带大家用教具里面的集线器、电机和倾斜传感器搭建一个模拟地震的现场，还会用到平板电脑来编程，将地震的现象模拟出来。好了，赶紧开始我们的课程吧！

扩展知识

创创，今天早上我跟爸爸一起看新闻，新闻上说我国的南部地区发生了小型的地震。

我以前看过地震的视频，特别可怕，房子都倒了呢！童童，地震是怎么发生的呢？

地震

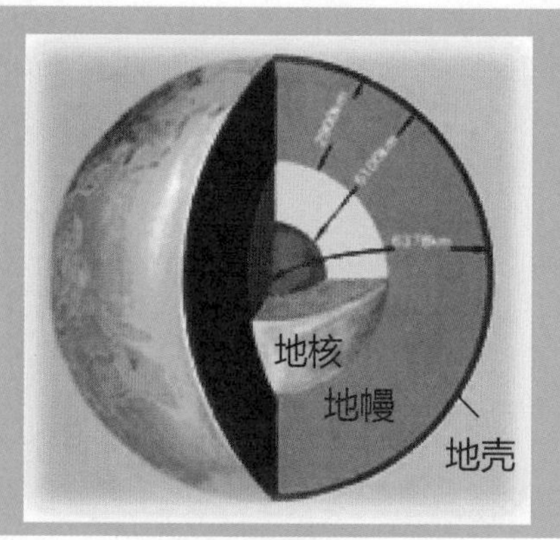

地震分为构造地震、火山地震、人工地震、陷落地震。而我们常说的地震是构造地震。

要知道地球分为三层：地核、地幔，地壳。因为大陆板块的摩擦碰撞而产生的地震，叫做构造地震。

地震的产生还常常伴有海啸、泥石流、塌方等灾害。

原来地震是这样产生的啊，还伴随着那么多的自然灾害！有没有预知地震的方法呢？

当然有了，地震发生前动物会出现异常的反应，井水也会出现异常升降和变浑的现象。

搭建知识

了解了这么多地震相关的知识，让我们一起来做一个装置来模拟地震发生时的场景吧！首先看看今天的搭建会用到哪些知识。

曲柄滑块结构

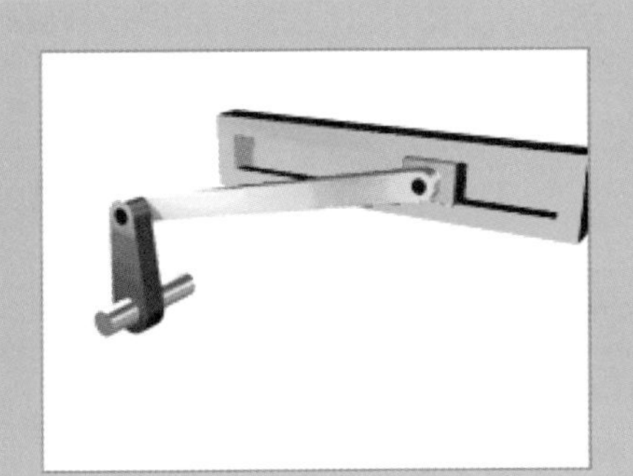

这是曲柄滑块结构，我们可以观察到，当曲柄做圆周运动的时候，带动一个杆子，使连接的滑块进行平面的左右移动，这就是曲柄滑块结构。

任务分析

哇，这么快我们的模拟地震装置就搭建完成了！

童童，我还在这个装置上搭建了几个小房子，这样当模拟地震发生时就能清楚地观察到地震带来的危害有多大了。

今天我们还会用到倾斜传感器来控制模拟出不同幅度的地震。

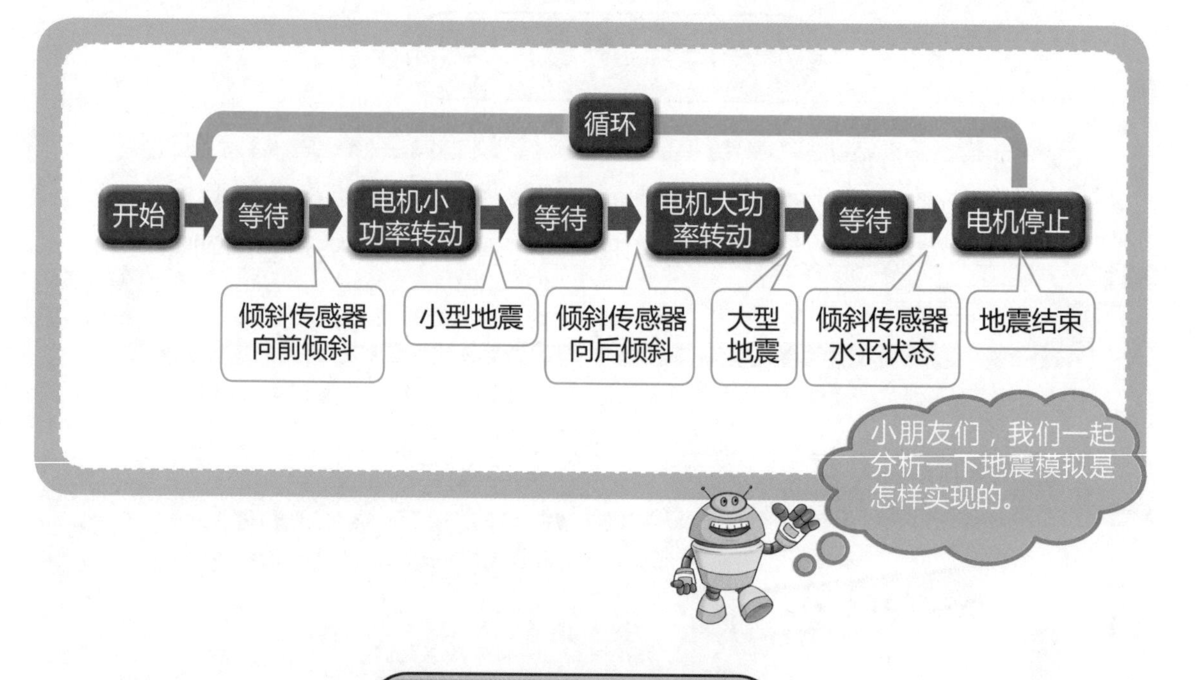

编程知识

小朋友们，根据上面的任务分析和老师的讲解，我们一起把下面的程序整理出来吧！

在方框中的括号内填写正确的序号将程序补充完整。（同一模块可以重复使用）

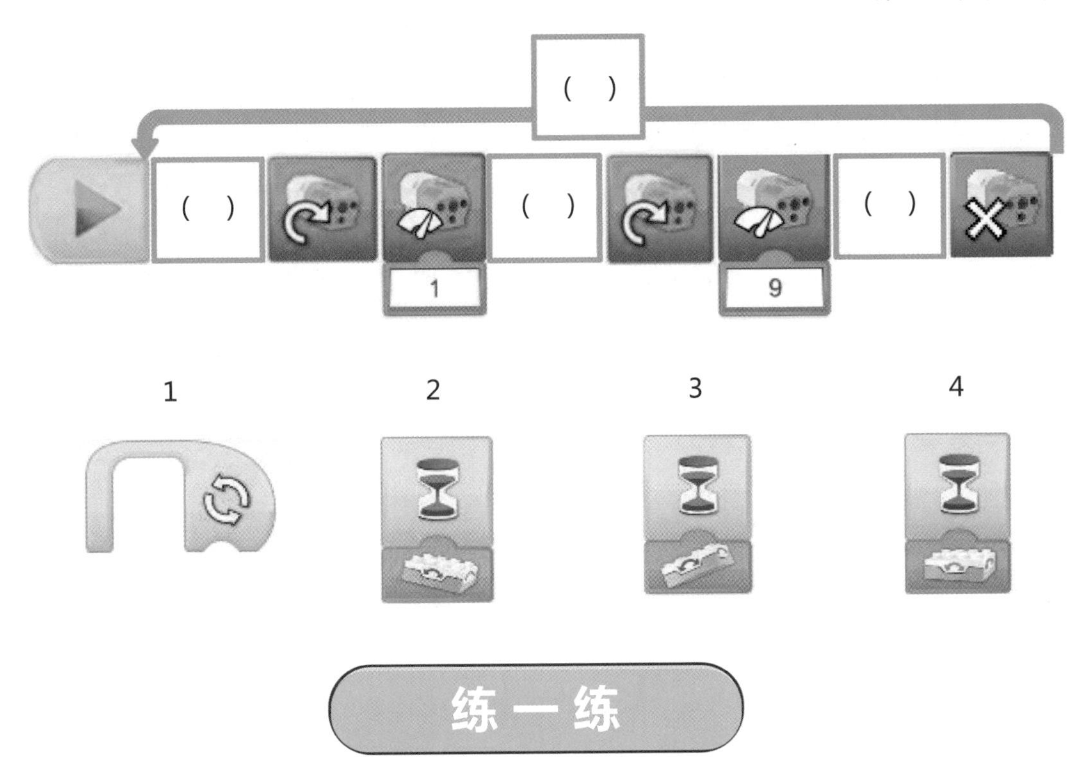

练一练

小朋友们，今天的课程结束了，我们一起来做几个小练习吧！

1. 下面哪个不属于地球结构。（　　）

A. 地核　　B. 地幔　　C. 地壳　　D. 地貌

2. 下面哪个模块，是等待倾斜传感器发生震动的呢？（　　）

A. 

B.

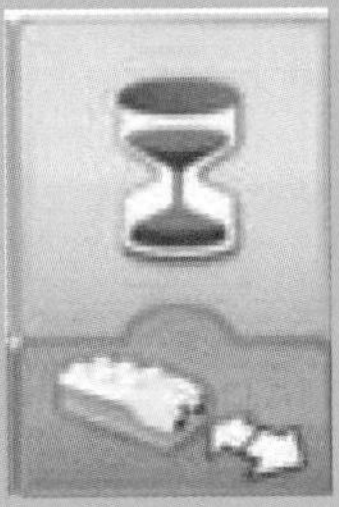

C. 

3. 连一连：把下列图片和对应的名称用线连起来。

A．泥石流

B．洪水

C．龙卷风

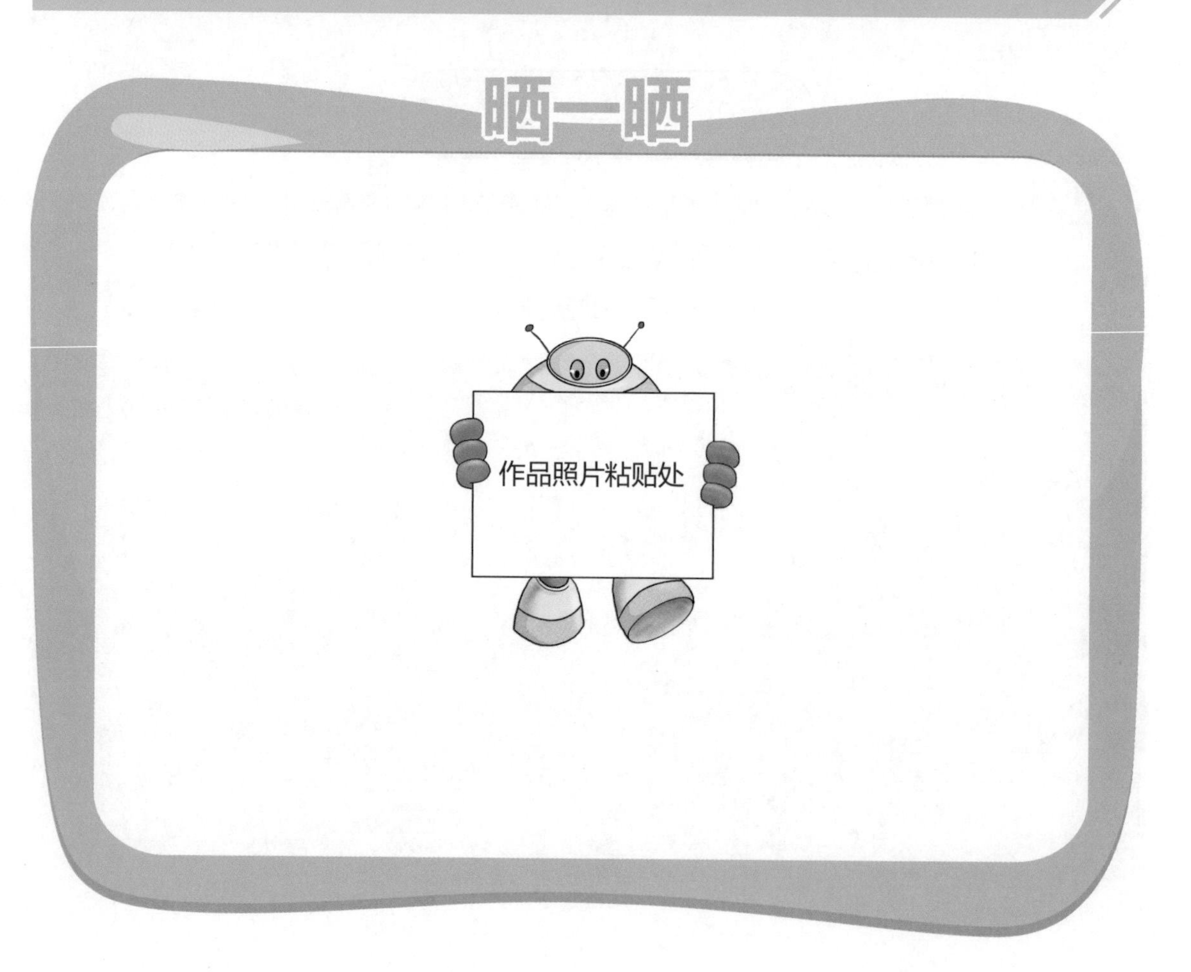

第 22 课 火车

小朋友们好，这节课我要带大家用教具里面的集线器、电机和运动传感器搭建一个火车，还会用到平板电脑来编程让火车跑起来。好了，赶紧开始我们的课程吧！

扩展知识

创创，我这里有两张火车博览会的门票，要不要跟我一起去看看呢？

好啊好啊，童童，我最喜欢火车了，我家里还收藏了好多火车模型呢，我已经等不及了呢！

火车

火车是由英国的矿山技师德里维斯克利用瓦特的蒸汽机发明的，叫做蒸汽机车。因为当时使用煤炭或木柴做燃料，所以人们都叫它“火车”。直到 1840 年，由英国工程师设计了世界上第一列真正在轨道上行驶的火车。

原来火车是在英国诞生的啊，还是蒸汽火车呢！那火车的发展史是怎样的呢？

火车的发展史是这样的：
蒸汽机车⟶电力机车⟶汽油内燃机车⟶柴油内燃机车⟶高速列车⟶磁悬浮列车。

搭建知识

了解了这么多火车相关的知识，让我们一起来搭建一列火车吧！首先看看今天的搭建会用到哪些知识。

锥齿轮传动

锥齿轮传动是一种特殊的齿轮传动，它利用锥齿轮之间的垂直啮（niè）合，从而改变力的作用方向。今天我们在搭建火车后轮驱动的部分就要用到锥齿轮传动。

任务分析

哇，这么快我们的火车就搭建完成了！

童童，我还在这个火车上安装了一个运动传感器，这样当火车路过站台的时候就会自动记录下路过站台的次数，是不是很方便呢？

你的想法太棒了！还等什么呢，快来让我们一起分析一下今天的任务吧！

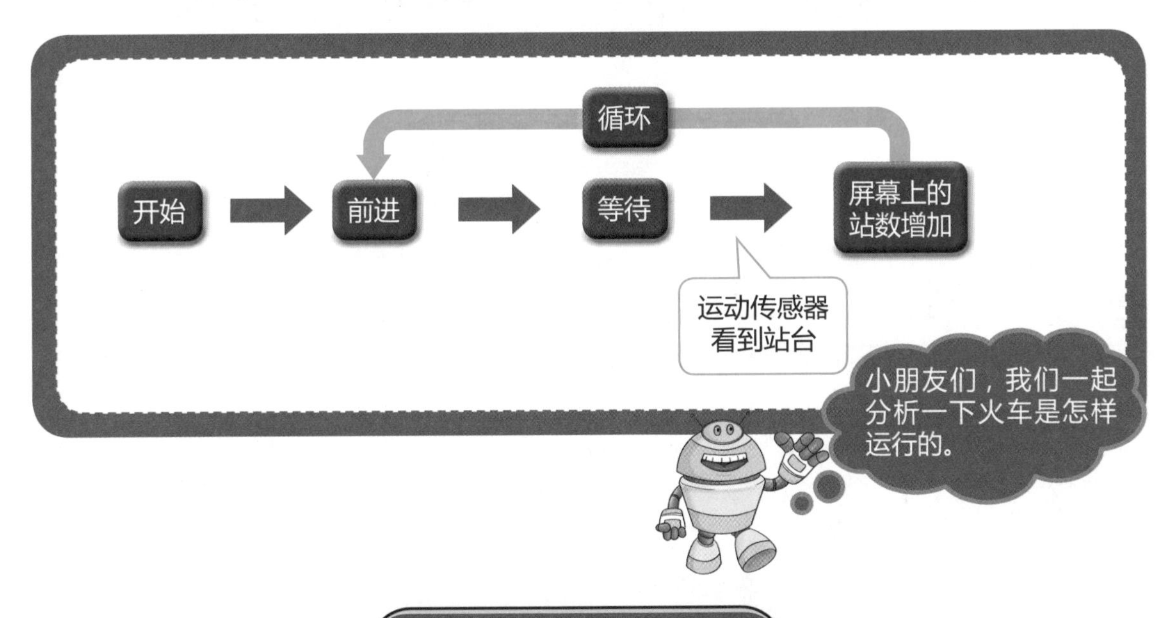

编程知识

小朋友们，根据上面的任务分析和老师的讲解，我们一起把下面的图补充完整吧！

在方框中的括号内填写正确的序号将程序补充完整。
（同一模块可以重复使用）

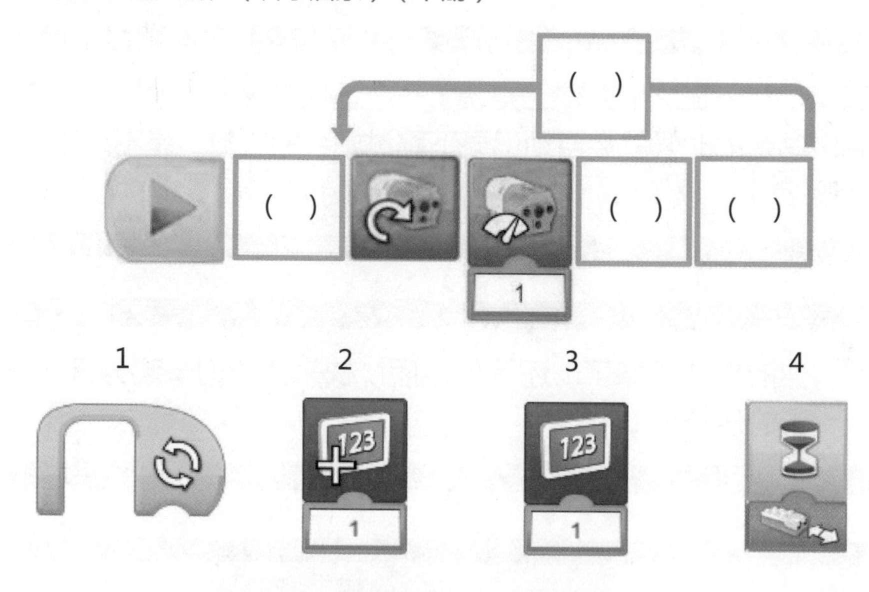

练一练

小朋友们，今天的课程结束了，我们一起来做几个小练习吧！

1. 火车是哪个国家的人发明的？（　　）

A. 中国　　B. 法国　　C. 英国　　D. 美国

2. 下面哪个模块，是显示数字模块呢？（　　）

A. 

B.

C. 

3. 连一连：请把图片和对应的名称用线连起来。

A. 磁悬浮列车

B. 蒸气列车

C. 汽油内燃列车

晒一晒

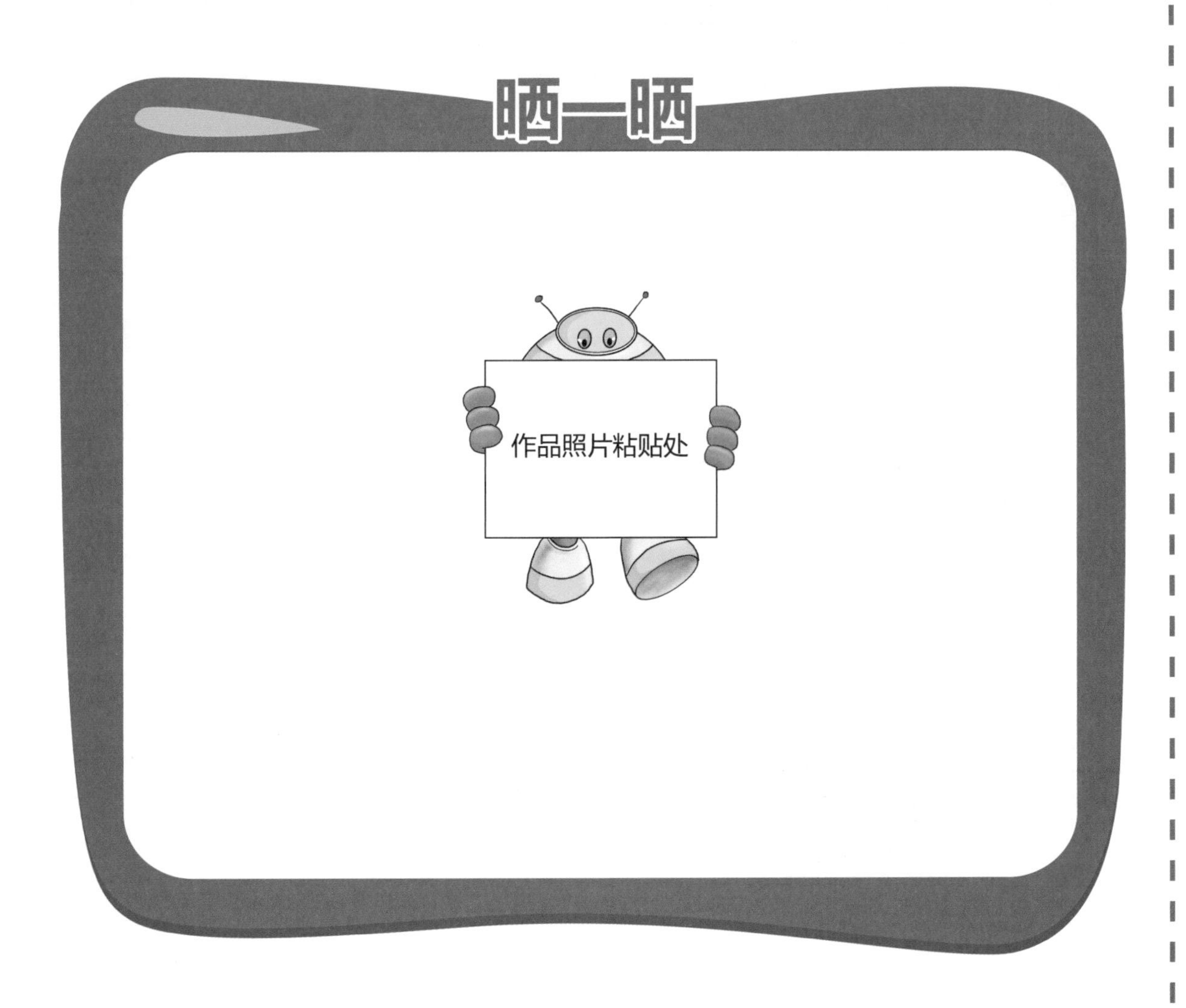

第23课 攻城车

小朋友们好，这节课我要带大家用教具里面的集线器、电机和运动传感器搭建一个攻城车，还会用到平板电脑来编程让攻城车运行起来。好了，赶紧开始我们的课程吧！

扩展知识

创创，最近我在看一部电视剧，名字叫《三国演义》，里面有好多攻城的战斗场面呢，你知道他们是怎样攻破敌人城门的吗？

我也看过《三国演义》，我知道他们用的是攻城车，特别好用，撞击几下城门就被撞开了呢！

攻城车

攻城车是古代常用的一种战车，它的主要原理是内部用绳或铁链悬挂在横梁上的一根粗大的圆木，圆木后端有金属帽，前端有金属头，多制成羊头形，称为攻城槌。攻城时，依靠攻城车中的士兵合力抓住攻城槌向后运动后，依靠惯性向前猛烈撞向城门，以此来破坏城门或者门后的门闩。

哇！好霸气啊，那除了攻城车，古代战场上还会用到哪些战车呢？

还有投石车、弩车、运兵车等，都是非常厉害的战车哦！

搭建知识

了解了这么多攻城车的知识，让我们一起来做一个攻城车吧！首先看看今天的搭建会用到哪些知识。

惯性

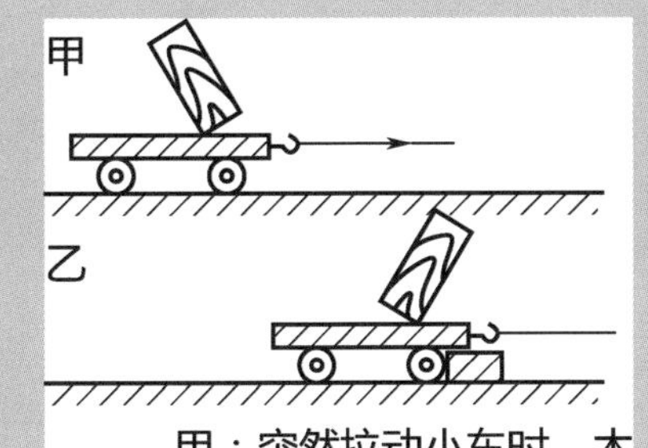

甲：突然拉动小车时，木块由于惯性向后倒。
乙：小车突然停下时，木块由于惯性向前倒。

惯性是指物体保持静止或匀速直线运动的状态。一切物体都具有惯性。惯性大小与物体的运动状态无关，惯性的大小与物体的质量大小有关。

任务分析

哇噢，这么快我们的攻城车就搭建完成了！

童童，我还在这个攻城车上安装了运动传感器，这样当攻城车看到城门就会自动撞击了，是不是很智能啊！

你的想法非常好，快让我们一起看看今天攻城车的任务是什么吧！

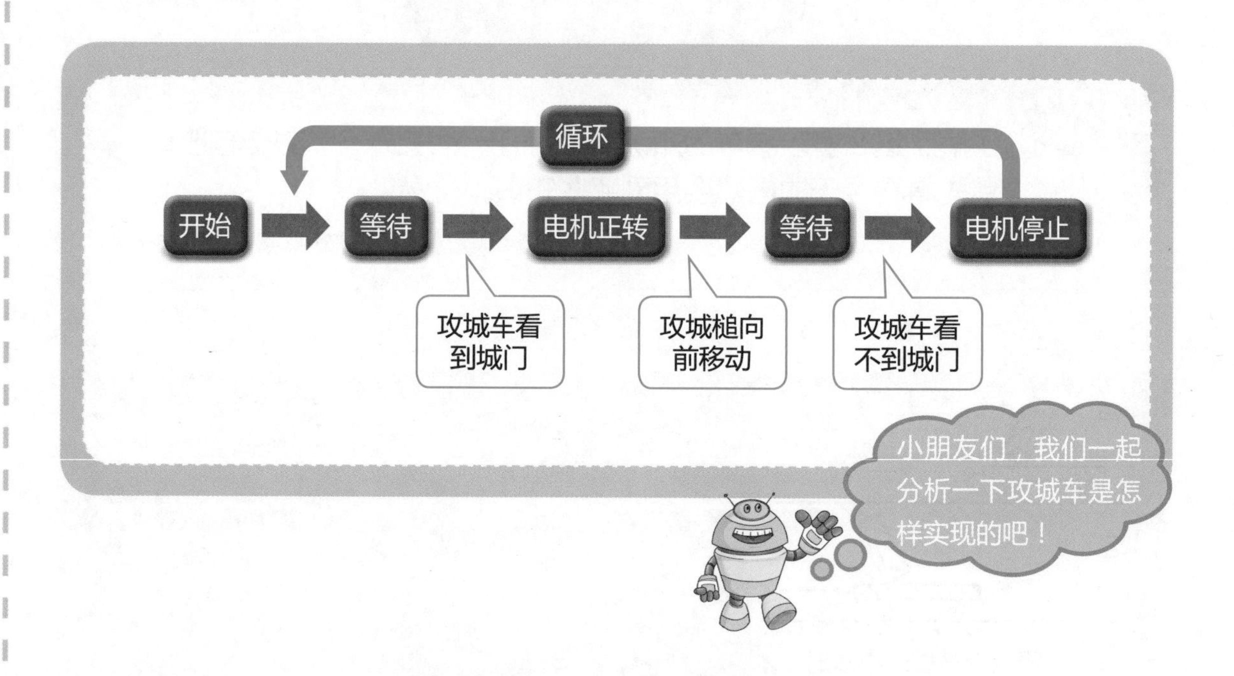

编程知识

小朋友们，根据上面的任务分析和老师的讲解，我们一起把下面的图整理出来吧！

在方框中的括号内填写正确的序号将程序补充完整。
（同一模块可以重复使用）

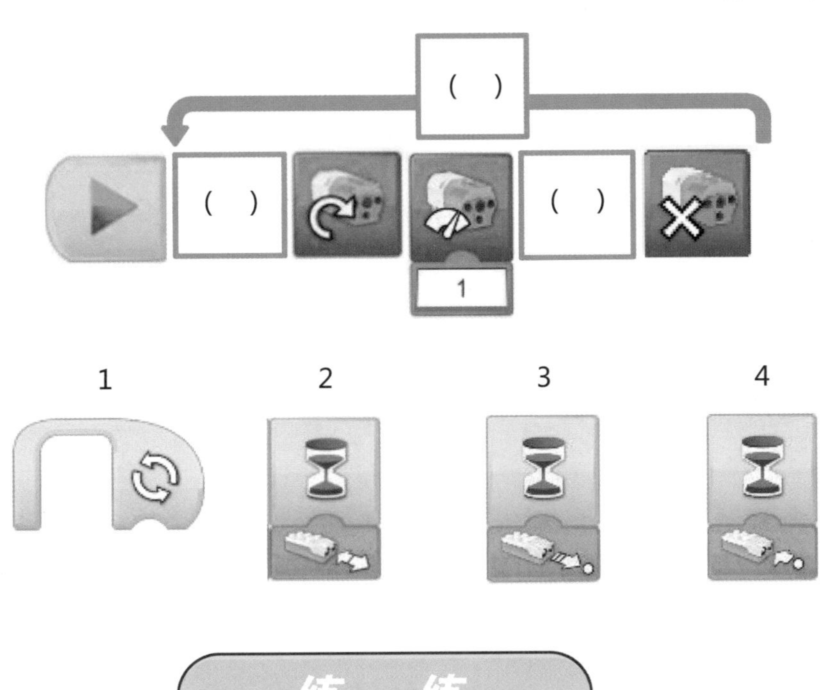

练一练

小朋友们，今天的课程结束了，我们一起来做几个小练习吧！

1. 下面哪个不属于古代战车？（　　）

A. 攻城车　　B. 弩车　　C. 投石车　　D. 坦克

2. 下面哪个模块，是等待运动传感器由远到近看到物体的呢？（　　）

A. 

B. 

C. 

3. 连一连：请把图片和对应的名称用线连起来。

A. 攻城车

B. 投石车

C. 弩车

晒一晒

第 24 课 暴风雨中的小船

小朋友们好，很高兴又和大家见面啦，这节课我要带大家用教具里面的集线器和电机搭建一艘小船，还会用到平板电脑来给机器人编程，让它能实现模拟小船在暴风雨中的运动。好了，不多说了，赶紧开始我们的课程吧！

扩展知识

童童，刚才好险啊，我的小船在暴风中差点翻船，还好被我们的刘老师救了回来。

对呀，创创，我们一定要学会一些自救常识和生存技能，才能保护自己。下面我们一起了解一下吧！

生存自救小常识

当我们遇到危险时，要适时合理地运用求救信号，才能遇险不惊。

“SOS”是世界通行的求救信号，需要求救时可以把它写在旗帜、风筝、沙滩或其他醒目的地方。另外还可以用尖叫、晃动镜子的反射光、挥动旗帜等方法求救，如果有可能的话最好拨打求救电话（119、110、120）。

搭建知识

童童，我们今天搭建的暴风雨中的小船是可以动起来的，那么是怎么做到的呢？

哈哈，这可难不倒我！是因为我们用到了一个特殊的机构，叫做“连杆机构”，有了这个机构就可以实现让小船动起来的功能啦！下面一起来了解一下吧！

连杆机构

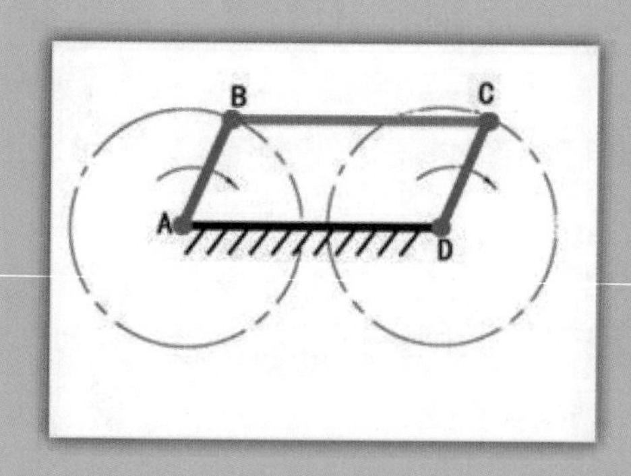

连杆机构就是用几根连杆组成的传动机构，可以实现各种复杂的运动，如转动平移、摆动等。连杆机构在日常生活中的应用十分广泛，比如蒸汽火车的轮子等。

在本节课中，连杆安装在两个可以同步转动的齿轮上，而小船与连杆连接。当齿轮转动时，会带动连杆做平移运动，进而让小船也做同样的平移运动，模拟小船在暴风雨中上下颠簸的航行状态。

任务分析

童童，小船搭建完了。怎样编写程序才能让小船动起来呢？

创创，先别急，我们先一起分析一下任务吧！

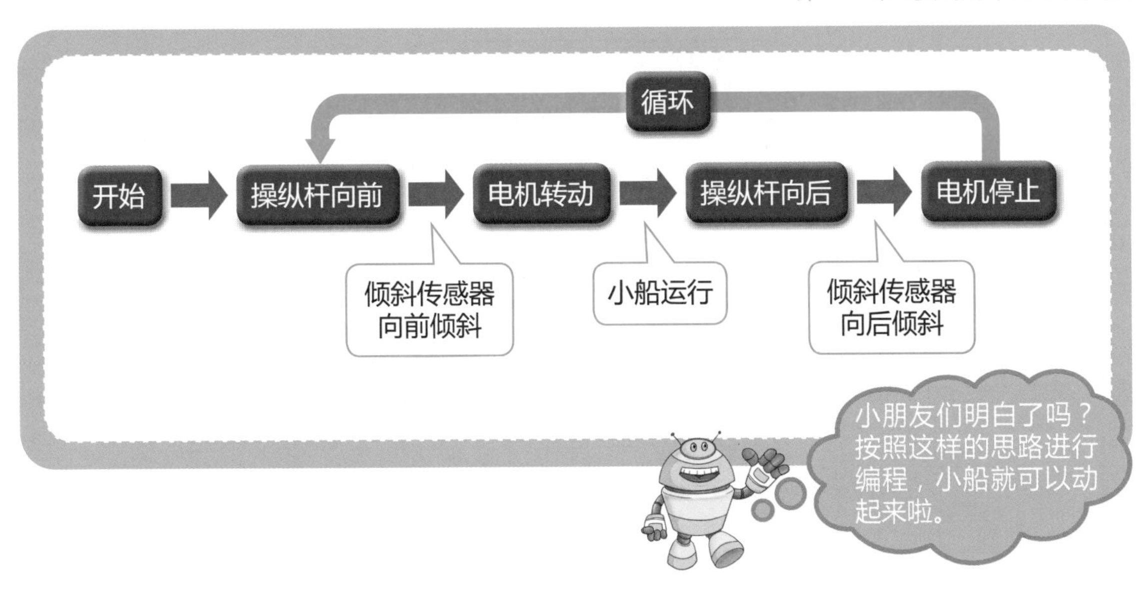

编程知识

小朋友们，根据上面的任务分析和老师的讲解，我们一起把下面的程序整理出来吧！

在方框中的括号内填写正确的序号将程序补充完整。

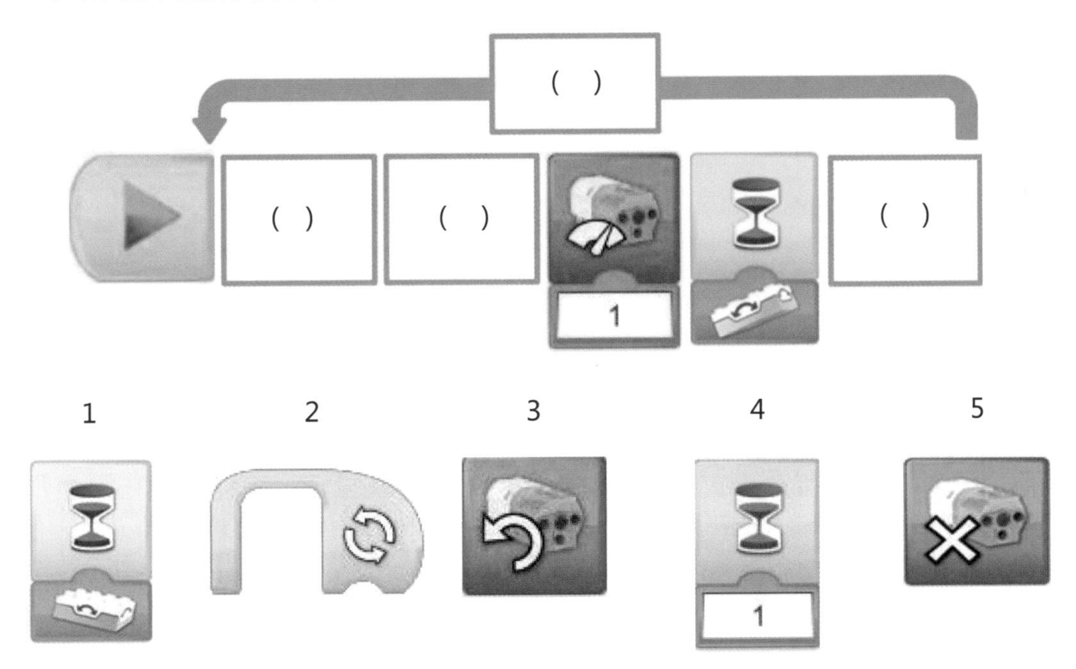

练一练

小朋友们，今天的课程结束了，我们一起来做几个小练习吧！

1. 下列哪个选项不利于被救援？（　　）

A. 摇晃旗帜　　B. 点火升烟

C. 放飞写有“SOS”标志的气球　　D. 原地等待

2. 下列哪个选项属于连杆机构？（　　）

A. 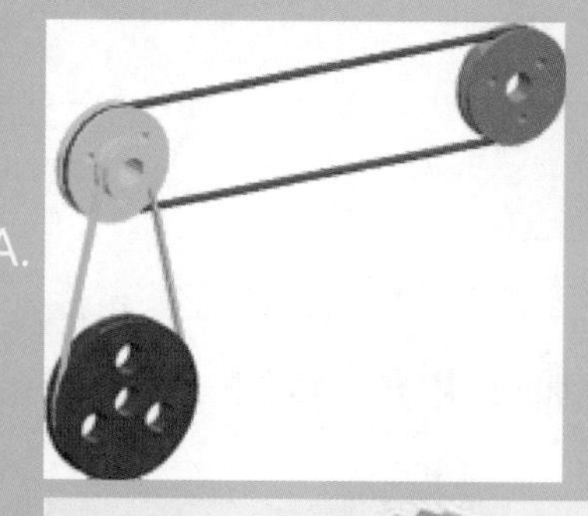

B. 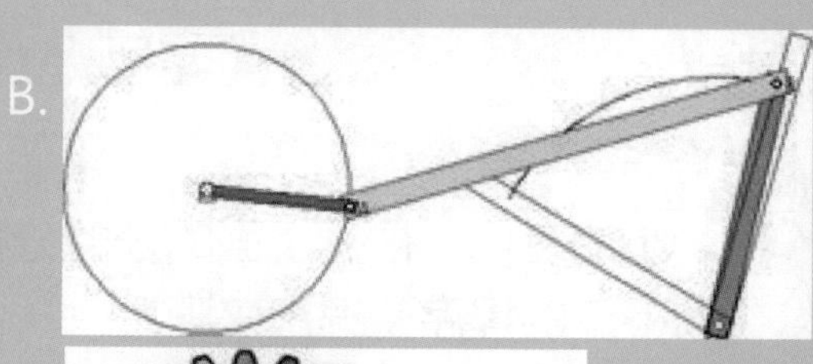

C. 

D. 

3. 倾斜传感器不能识别下列哪种状态？（　　）

A. 

B. 

C. 

D. 

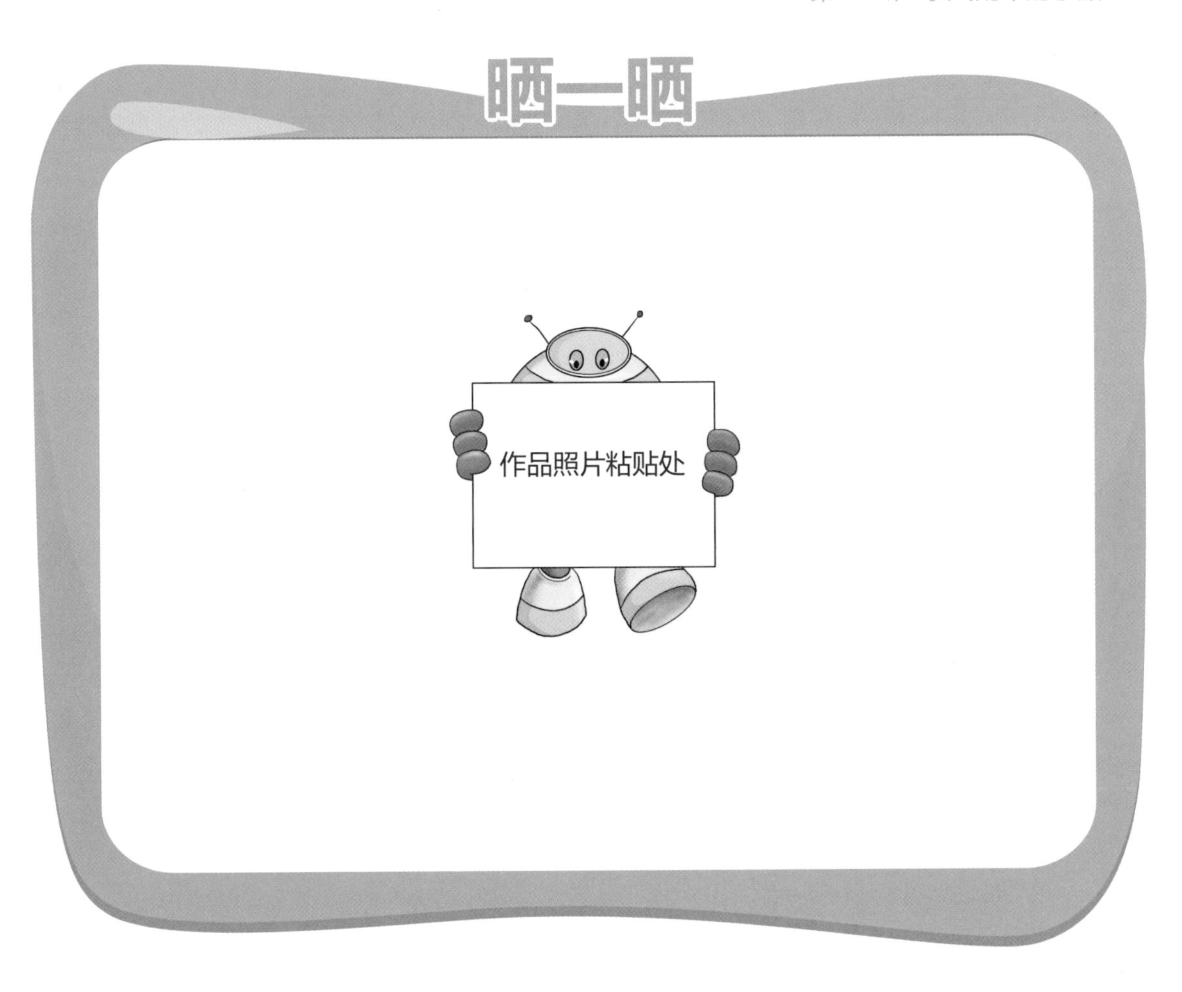
晒一晒
作品照片粘贴处

第25课 毛毛虫

小朋友们好，这节课我要带大家用教具里面的集线器和电机搭建一只毛毛虫，还会用到平板电脑来给机器人编程让它动起来。好了，赶紧开始我们的课程吧！

扩展知识

童童，外表长满毛的毛毛虫真的可以变成美丽的蝴蝶吗？还是这只是个传说？

创创，千万别小看其貌不扬的毛毛虫，蝴蝶真的是从毛毛虫变化而来的，我来告诉你和大家这个过程吧！

化蛹成蝶

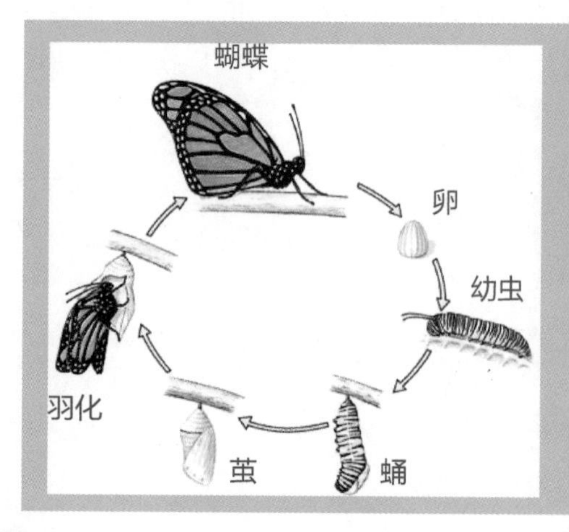

从毛毛虫变成蝴蝶要经历一个漫长的过程。

蝴蝶妈妈在树叶上先产下卵，卵孵化成为幼虫，也就是毛毛虫。毛毛虫长大到一定大小就开始吐丝来固定身体，蜕皮化成蛹，有的蛹还会吐丝结茧。最后，蛹开始了羽化，羽化使得蝴蝶突破蛹或茧的约束，飞向广阔的天空。

搭建知识

小朋友们，在了解了关于毛毛虫和蝴蝶的常识后，我们就可以一起搭建毛毛虫了。今天的搭建中我们将要学习的运动机构是棘轮机构。

棘轮，那又是什么轮子？上面长满了荆棘的轮子吗？实在想不出来，童童你快点给我和小朋友们讲讲吧！

棘轮机构

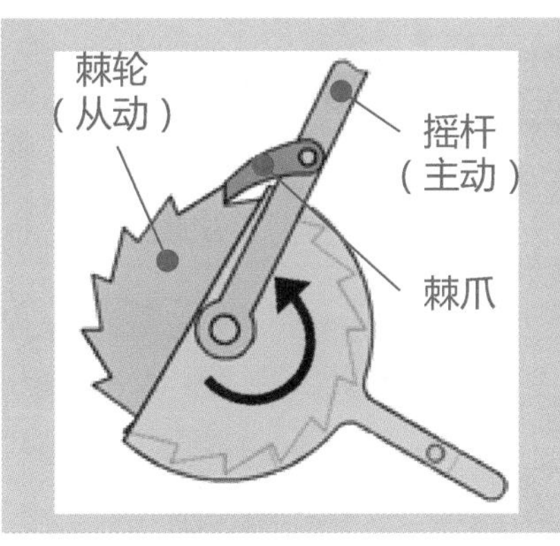

棘轮机构是由棘轮和棘爪共同组成的一种单方向运动的机构，主要的功能是将连续转动或者往复运动转换成为单方向的运动。

生活中的棘轮的轮齿通常用单向齿，当摇杆在逆时针方向摆动时，棘爪便插入棘轮轮齿来推动棘轮同向转动；当摇杆顺时针方向摆动时，棘爪在棘轮上滑过，棘轮停止转动。

小朋友们，关于棘轮机构的知识点还远不止这些呢，在接下来的课程中我们还会学习到更多的知识哦！

任务分析

童童，毛毛虫已经搭建好了，而且我们还学习了关于棘轮的知识。下面是不是要编写程序了呢？

哈哈，看来今天创创和我们的小朋友学习到了不少新知识，那我们赶快进行任务分析后好去编程吧！

好的，我已经迫不及待了呢！小朋友们，准备和我们一起来做任务分析吧！

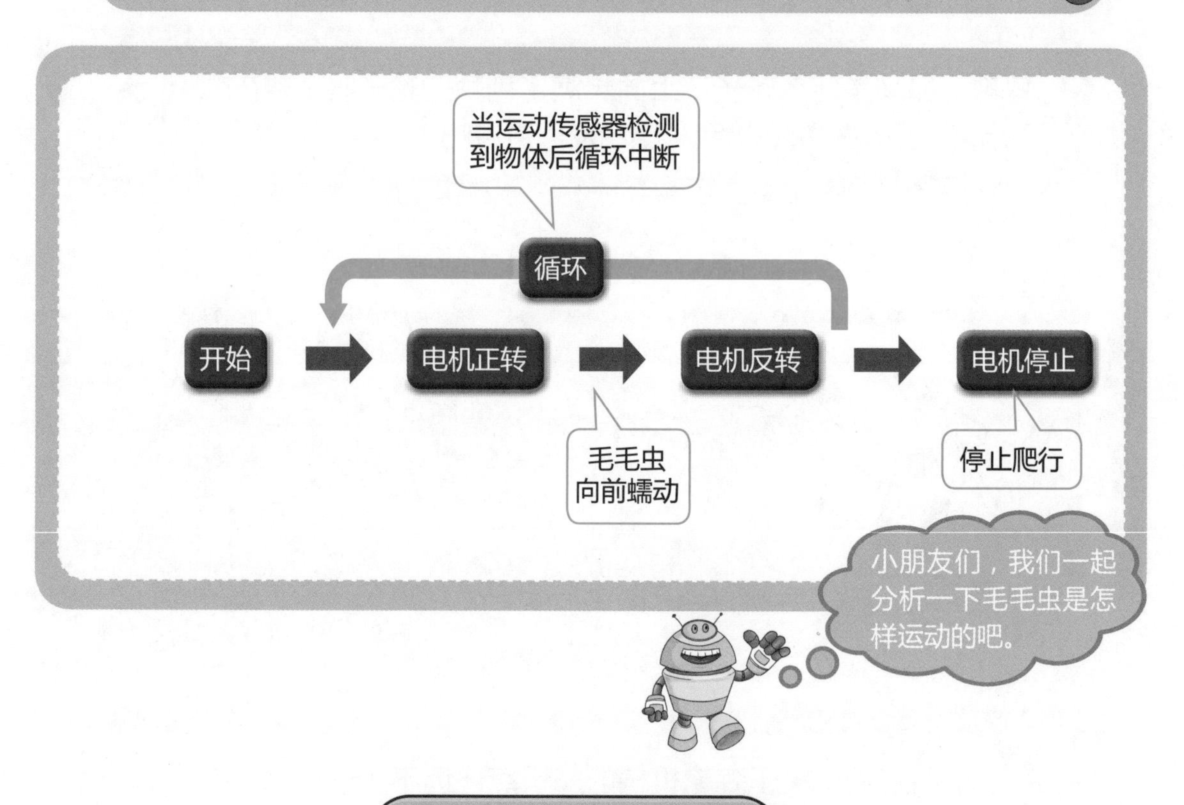

编程知识

小朋友们，根据上面的任务分析和老师的讲解，我们一起把下面的图整理出来吧！

在方框中的括号内填写正确的序号将程序补充完整。
（同一模块可以重复使用）

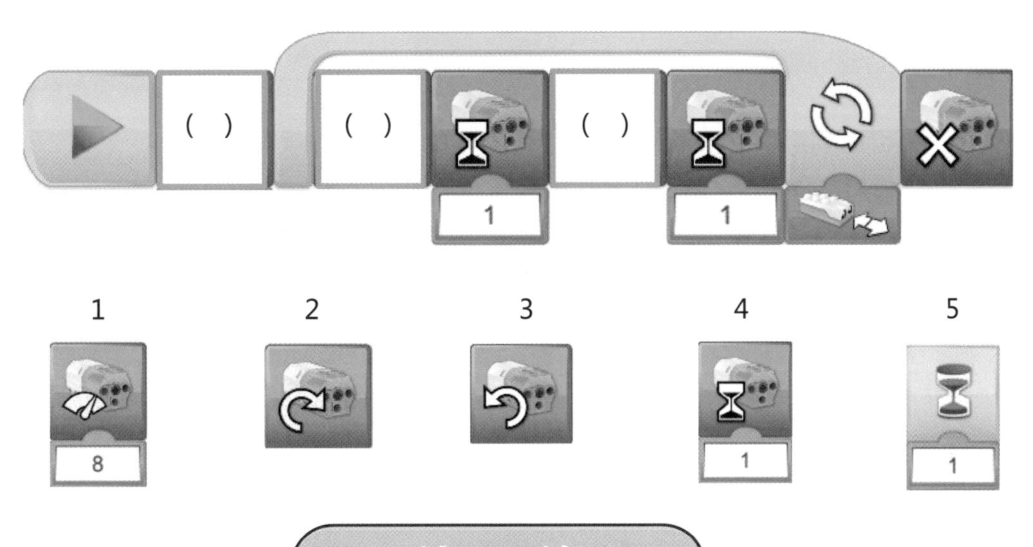

练一练

小朋友们，今天的课程结束了，我们一起来做几个小练习吧！

1. 今天我们学习到的棘轮机构是由棘轮和（　　）组成的。

A. 齿轮　　　　B. 棘爪　　　　C. 连杆

2. 运动传感器的状态一共有（　　）种。

A. 3　　　　B. 4　　　　C. 5

3. 下列图片所展示的运动机构哪一个是棘轮机构？（　　）

A. 

B. 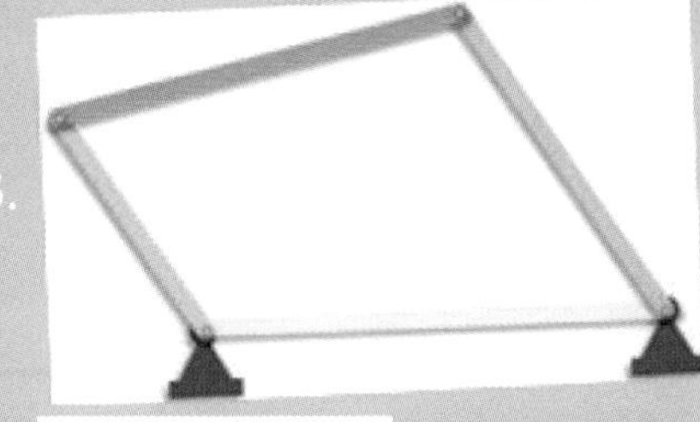

C. 

D. 

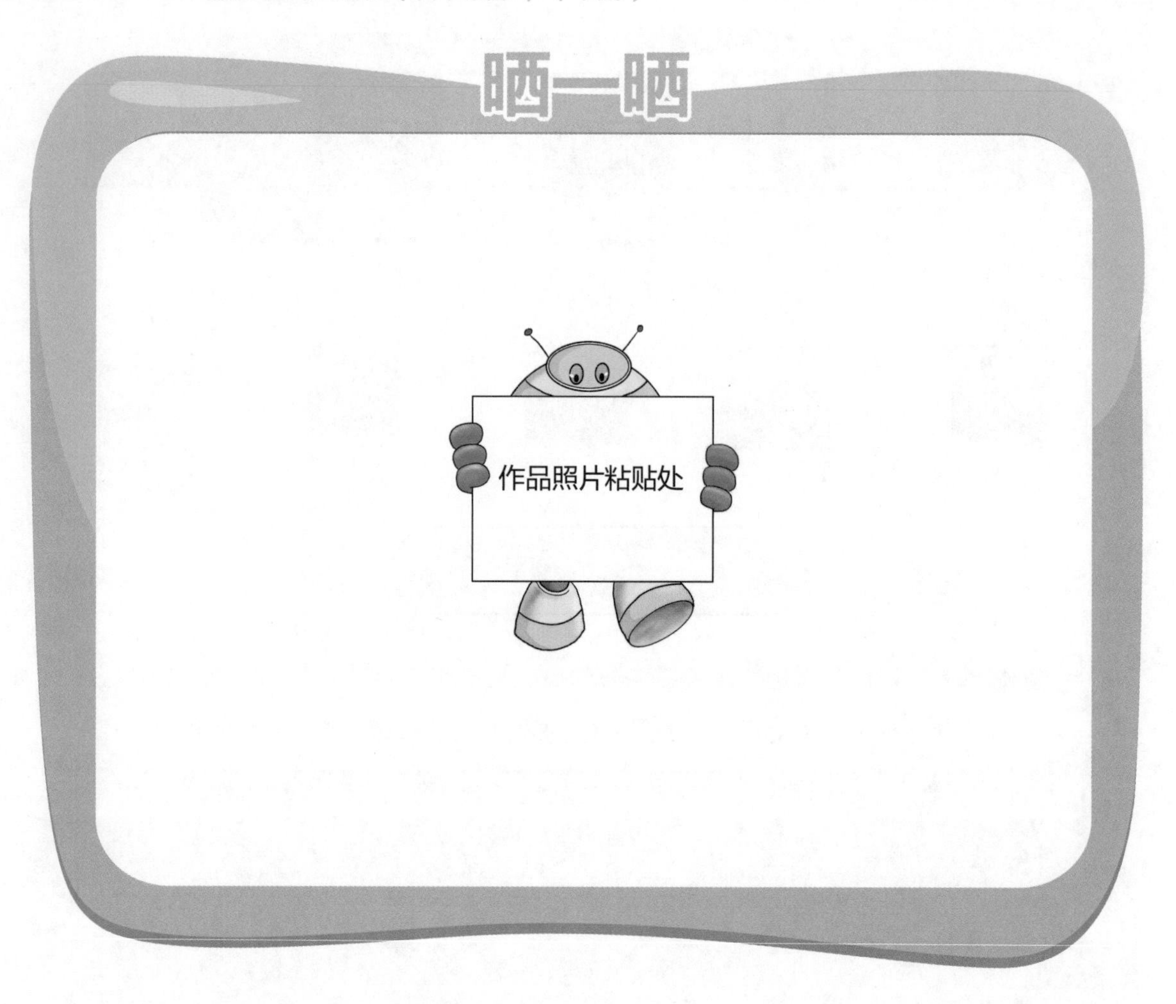
晒一晒
作品照片粘贴处

第 26 课 计时器

小朋友们好，这节课我要带大家用教具里面的集线器和电机搭建一个计时器，还会用到平板电脑来给计时器编程让它转动起来。好了，赶紧开始我们的课程吧！

扩展知识

童童，时间对于每一个人来说都很重要，在很多场合我们需要使用到计时器，你能给小朋友们讲讲关于计时器的知识吗？

创创，说到计时器，我们中国可是有悠久历史的。最早的机械计时装置就是我们国家发明的，一起来了解一下吧！

计时器的发展

计时器，是利用特定的原理来测量时间的装置。计时器的发展足足有两万多年的历史呢！

公元前 20000 年，史前人类以在木棍和骨头上刻标记的方式来计时；

公元前 8000 年，古埃及人制订了 12 个月每个月 30 天的日历；

公元前 4000 年，古巴比伦人制作日晷来计时；

公元 400 年，中国发明了机械漏刻。

古埃及日历

日晷

机械漏刻

搭建知识

小朋友们，在了解了关于计时器的相关知识之后，我们就可以一起来搭建一个计时器了。今天的搭建中我们将要学习二级齿轮减速机构。

之前我们学习过齿轮减速机构，利用小齿轮带动大齿轮来实现减速，那今天的二级齿轮减速机构又会是什么样子呢？

二级齿轮减速机构

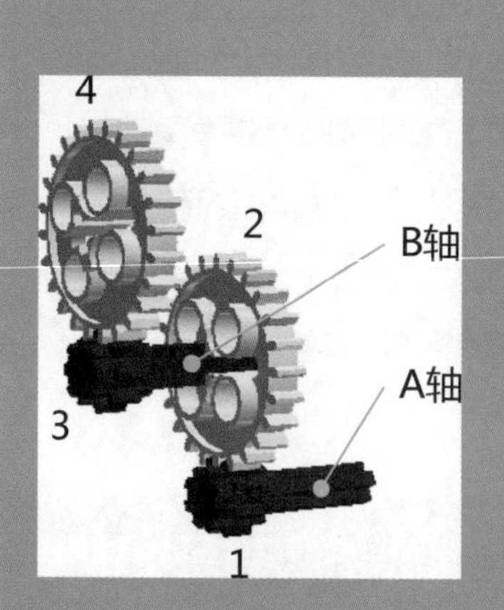

二级齿轮减速机构是在齿轮减速机构的基础上延伸而来，由于大小齿轮的形状都有限制，不可能过大或者过小，所以一次齿轮减速可能无法完成所有的减速需求。

二级齿轮减速机构的 A 轴和动力装置相连接作为主动件，1 号小齿轮与 A 轴连接带动 2 号大齿轮，完成第一次减速。2 号大齿轮和 3 号小齿轮都与 B 轴连接，所以具有相同的速度，3 号小齿轮再带动 4 号大齿轮，完成第二次减速，这就是二级齿轮减速机构的工作原理。

小朋友们，学会了二级齿轮减速机构之后，自己可以尝试着做一个三级齿轮减速机构哦！

任务分析

童童，计时器已经搭建好了，是不是该一起编写程序了呢？

哈哈，看来今天创创和我们的小朋友又学习到了不少新知识，那我们赶快完成任务分析后去编程吧！

好的，我已经迫不及待了！小朋友们，准备和我们一起来做任务分析吧！

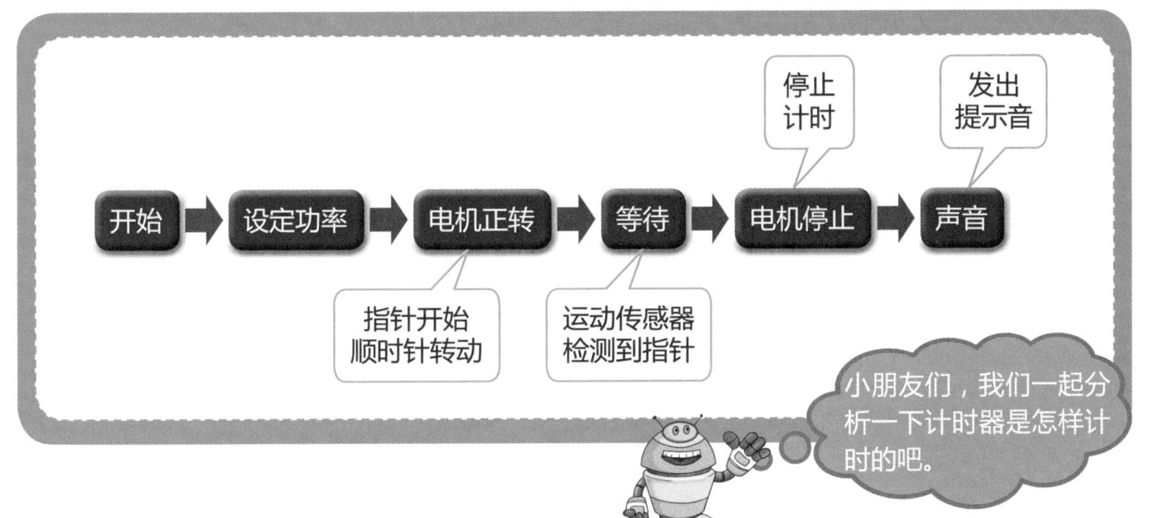

编程知识

小朋友们，根据上面的任务分析和老师的讲解，我们一起把下面的图补充完整吧！

在方框中的括号内填写正确的序号将程序补充完整。
（同一模块可以重复使用）

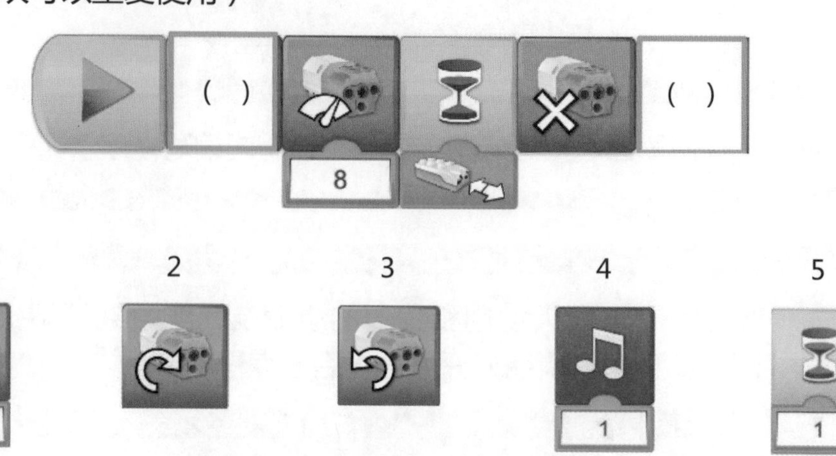

练一练

小朋友们，今天的课程结束了，我们一起来做几个小练习吧！

1. 今天我们学习到的减速机构是（　　）。

A. 一级齿轮减速机构　　B. 二级齿轮减速机构

C. 棘轮棘爪机构

2. 下图电机转动的方向（　　）代表顺时针。

A. 　　B.

3. 请根据右图的 1 号齿轮转动方向标出其他齿轮的转动方向。

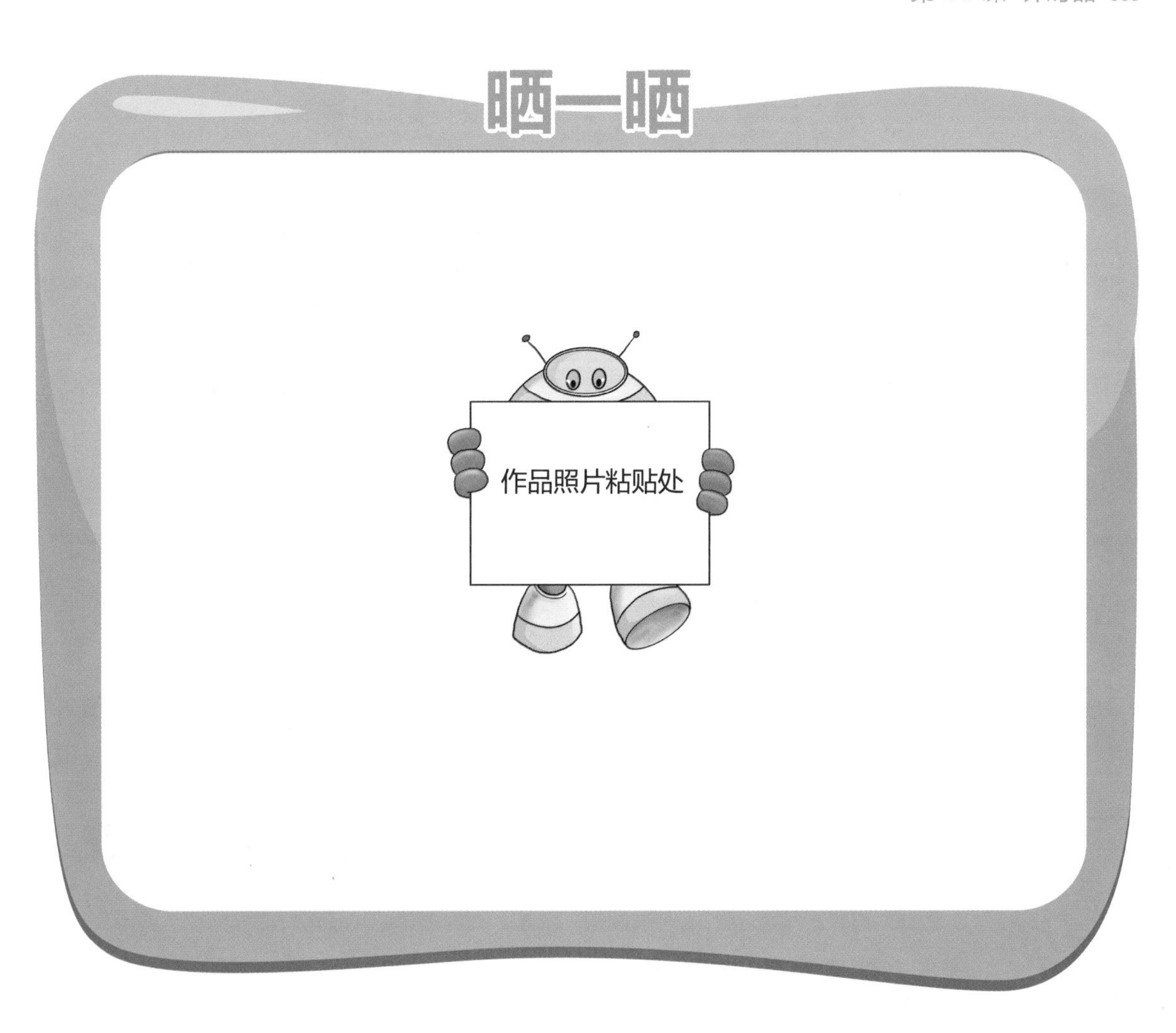
晒一晒
作品照片粘贴处

第 27 课 螳螂

小朋友们好，很高兴又和大家见面啦！这节课我要带大家用教具里面的集线器、电机和运动传感器来搭建一只螳螂，还会用到平板电脑来给螳螂编程让螳螂的“大刀”前后动起来。好了，不多说了，赶紧开始我们的课程吧！

扩展知识

童童，螳螂是一种什么动物呢？它为什么可以成为我们人类的朋友呢？

创创，先别着急。我先给大家讲一讲关于螳螂的小知识吧。

螳螂

螳螂，因为它有一双“大刀”，所以我们又称它为“刀螂”，其身体为长形，多为绿色，是无脊椎动物。螳螂是肉食性昆虫，喜好捕猎各类昆虫和小动物，在田间和林区能消灭不少害虫，是害虫的天敌，因而螳螂是益虫，是我们人类的好帮手。它的寿命一般一年一代，一只螳螂的寿命大约 6～8 个月。

搭建知识

童童，螳螂的两把“大刀”真的好帅啊，可是我们该如何搭建螳螂的模型，才能让这个模型像真的螳螂一样去捕捉害虫呢？

其实很简单的，创创，螳螂捕捉害虫主要用到了前面的两把“大刀”，我们让这两把“大刀”前后动起来就可以啦！

齿轮齿条结构

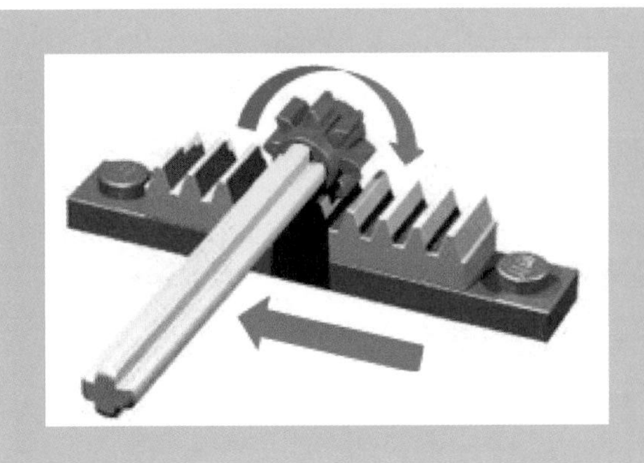

齿轮齿条结构有两点，一是将齿轮的旋转运动转变为齿条的直线往复运动，二是将齿条的直线往复运动转变为齿轮的旋转运动。

在本节课中我们利用齿轮齿条的第一点来使螳螂的“大刀”前后动起来。

任务分析

童童，螳螂搭建完成了。怎样编写程序才能让螳螂动起来呢？

接下来我们一起来分析一下螳螂的“大刀”是怎样运动的吧！

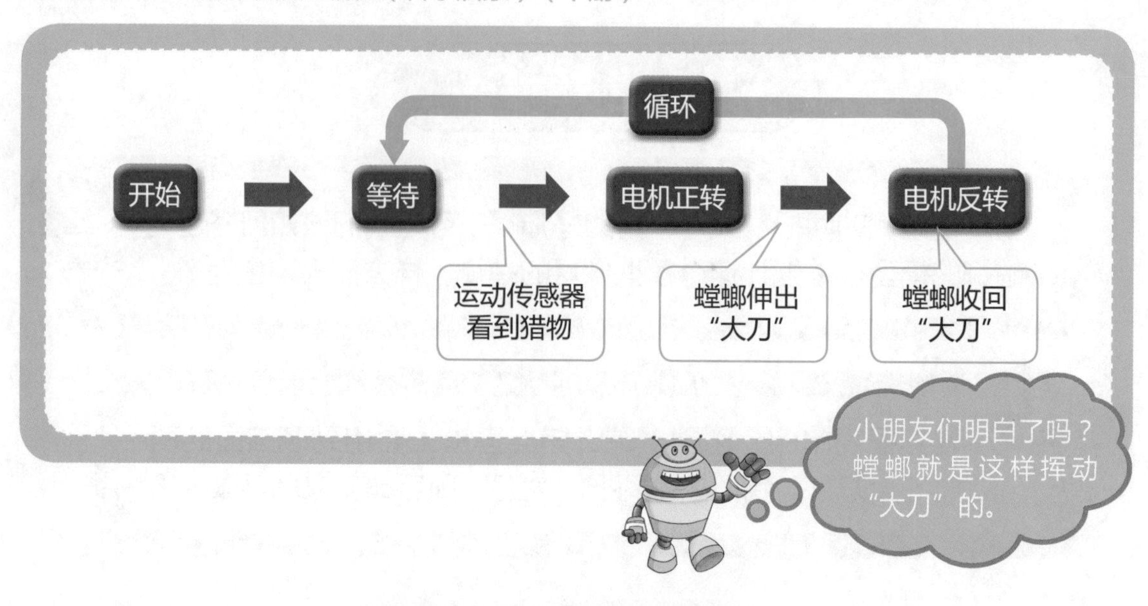

编程知识

小朋友们，根据上面的任务分析和老师的讲解，我们一起把下面的程序整理出来吧！

在方框中的括号内填写正确的序号将程序补充完整。

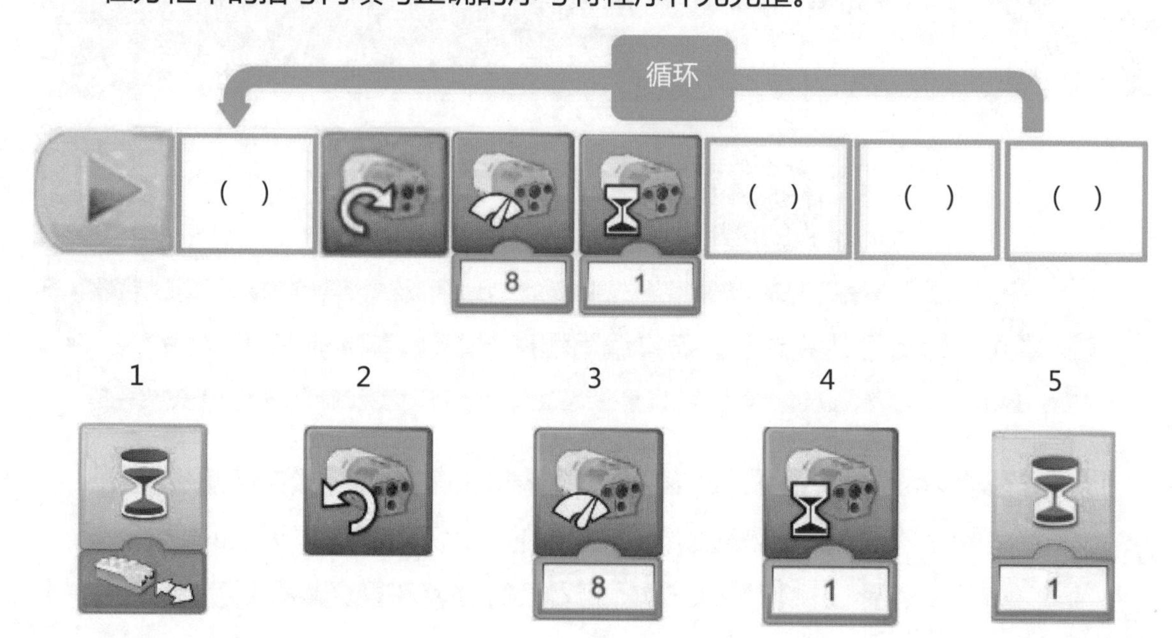

练一练

小朋友们，今天的课程结束了，我们一起来做几个小练习吧！

1. 下列哪种动物不可以帮助我们消灭害虫？（ ）

A.  B.  C. 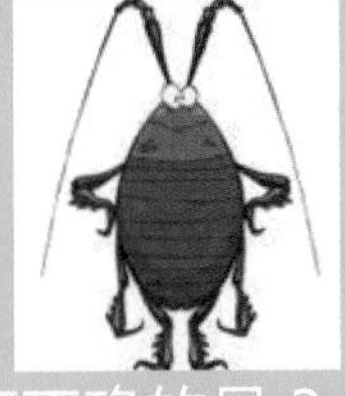 D. 

2. 关于齿轮齿条结构，下列说法不正确的是？（ ）

A. 把齿轮的回转运动转变为齿条的往复直线运动

B. 把齿条的往复直线运动转变为齿轮的回转运动

C. 把齿条的回转运动转变为齿轮的往复直线运动

3. 本节课的编程任务中，螳螂的手臂前后运行完一次后，当运动传感器再次发现害虫时，它会怎样做呢？（ ）

A. 继续运行，因为我们加了循环

B. 需要重新点击程序的“开始”模块才可以继续运行

晒一晒

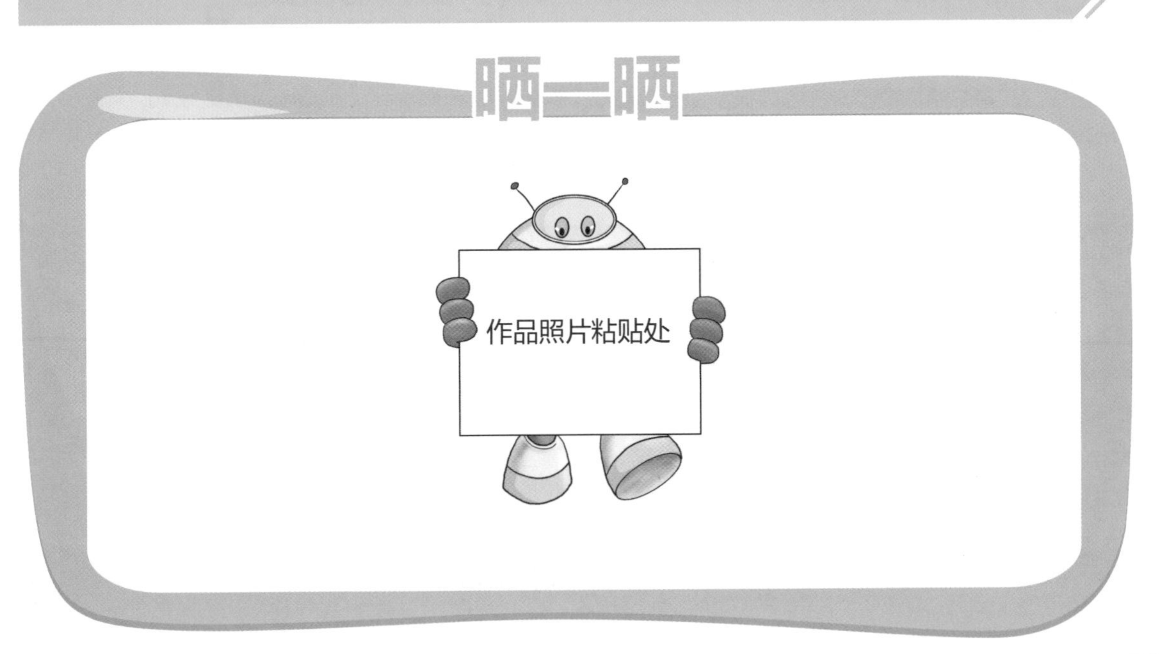

第28课 转弯小车

小朋友们好，我是童童，很高兴又和大家见面啦！上节课学习的螳螂是不是很有趣呢！今天这节课我们会利用“惰齿轮”、集线器和倾斜传感器来搭建一辆会转弯的小车，在编程中我们还会学习双电机编程，内容非常精彩。好了，不多说了，赶紧开始我们的课程吧！

扩展知识

童童，我觉得会转弯的小车真的好酷啊！那小车转弯的原理是什么呢？

其实很简单，我们一起来做一下实验就明白啦！

小车转弯原理

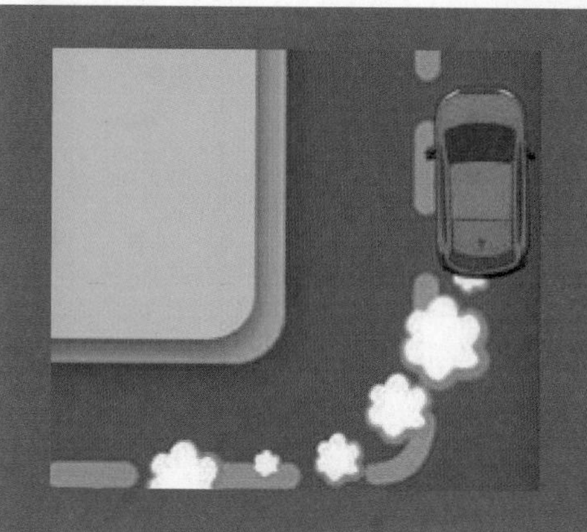

本节课我们搭建的小车四个轮子同时转动时，小车就会往前往后运动。如果左侧的两个轮子同时转动，那么小车就会向右转弯。同理，如果让右侧的两个轮子同时转动，那么小车就会向左转弯。我们就可以用这种方法实现小车的转弯啦！

搭建知识

童童，可是我们该如何用一个电机来控制一侧的轮子同时转动呢？

不要着急，办法呀总比困难多！我们可以用惰齿轮传动的原理来控制一侧的轮子同时转动。接下来我们一起来了解一下吧！

惰齿轮传动

当两个齿轮在一起传动时，两个齿轮的转动方向是相反的。当在两个齿轮中间加上一个小齿轮时，再次转动一边外侧的齿轮，我们可以看到这两个大齿轮的转动方向是相同的。中间的小齿轮就叫做惰齿轮。所以惰齿轮有改变传动方向的作用。

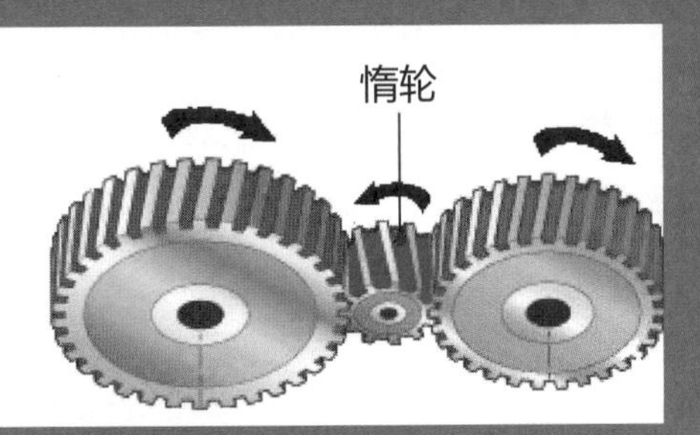

任务分析

童童，会转弯的小车搭建完成啦。快快编写程序让小车动起来吧！

好的，接下来我们一起来分析一下小车是如何运动的吧！

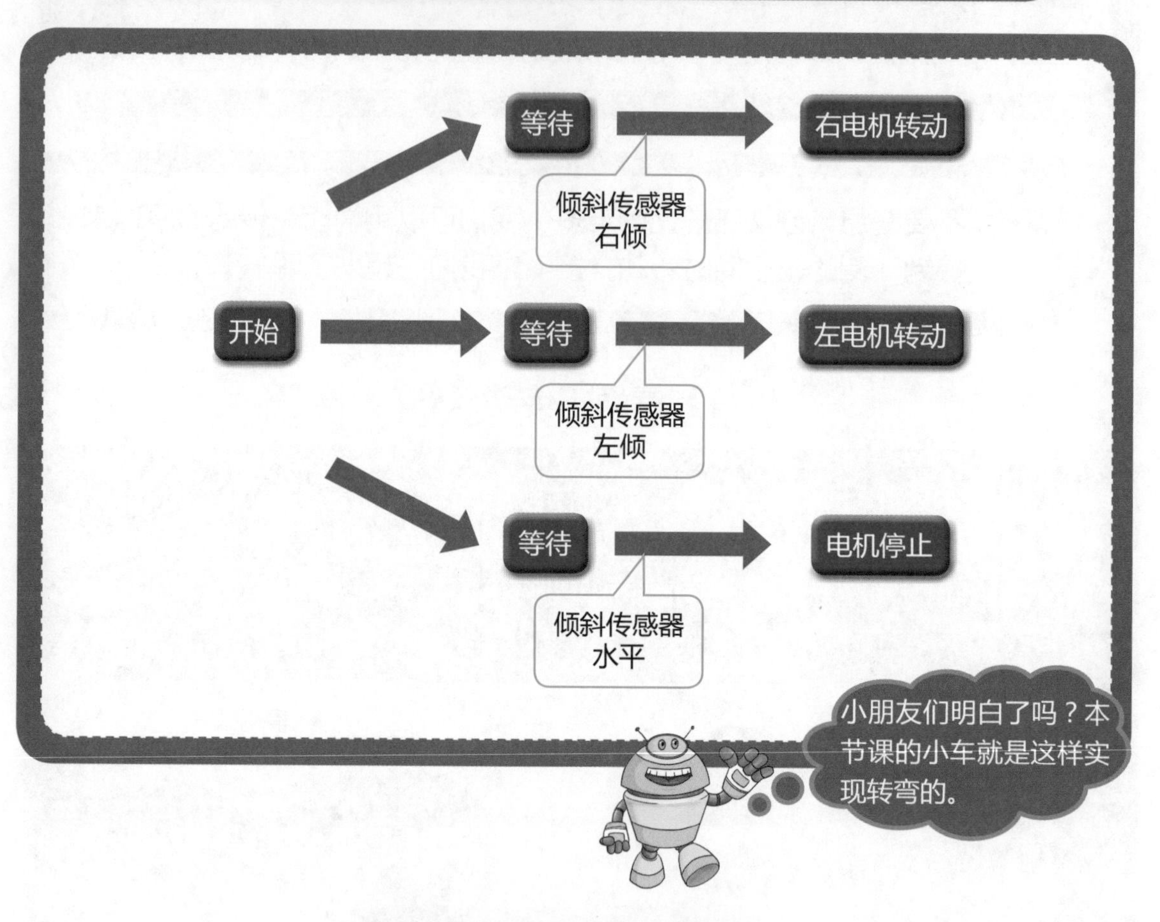

小朋友们明白了吗？本节课的小车就是这样实现转弯的。

编程知识

小朋友们，根据上面的任务分析和老师的讲解，我们一起把下面的图补充完整吧！

在方框中的括号内填写正确的序号将程序补充完整。

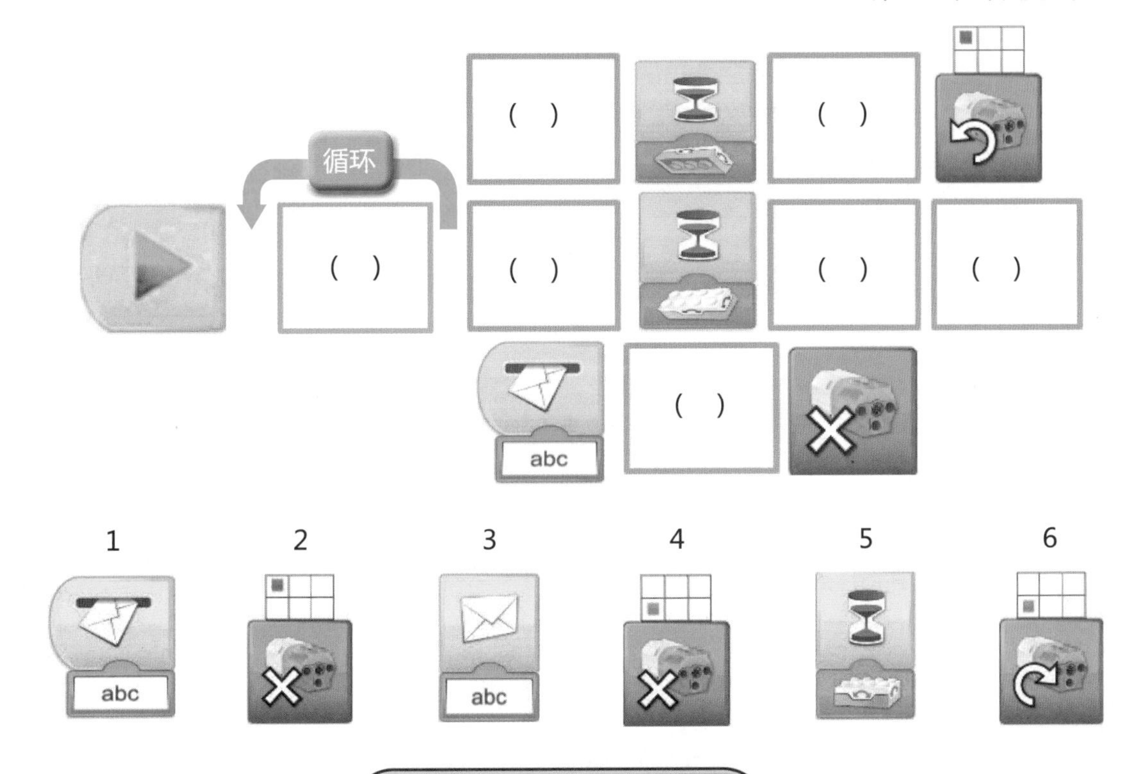

练一练

小朋友们，今天的课程结束了，我们一起来做几个小练习吧！

1. 将下列相对应的选项连接起来。

左侧轮子同时转动	小车前行
右侧轮子同时转动	小车左转
前后轮子同时转动	小车右转

2．关于惰性齿轮，下列说法正确的是？（　　）

A. 惰性齿轮可以改变齿轮的传动速度

B. 惰性齿轮可以改变齿轮的传动方向

C. 紧连在一起的五个齿轮只有中间的齿轮是惰性齿轮

3. 判断正误：本节课的编程中在等待模块后面放停止模块，是因为要控制另一侧轮子停止转动，如果不加停止模块在运行第二条程序时小车会直行而不会转弯。（　　）

A. 正确　　　　B. 错误

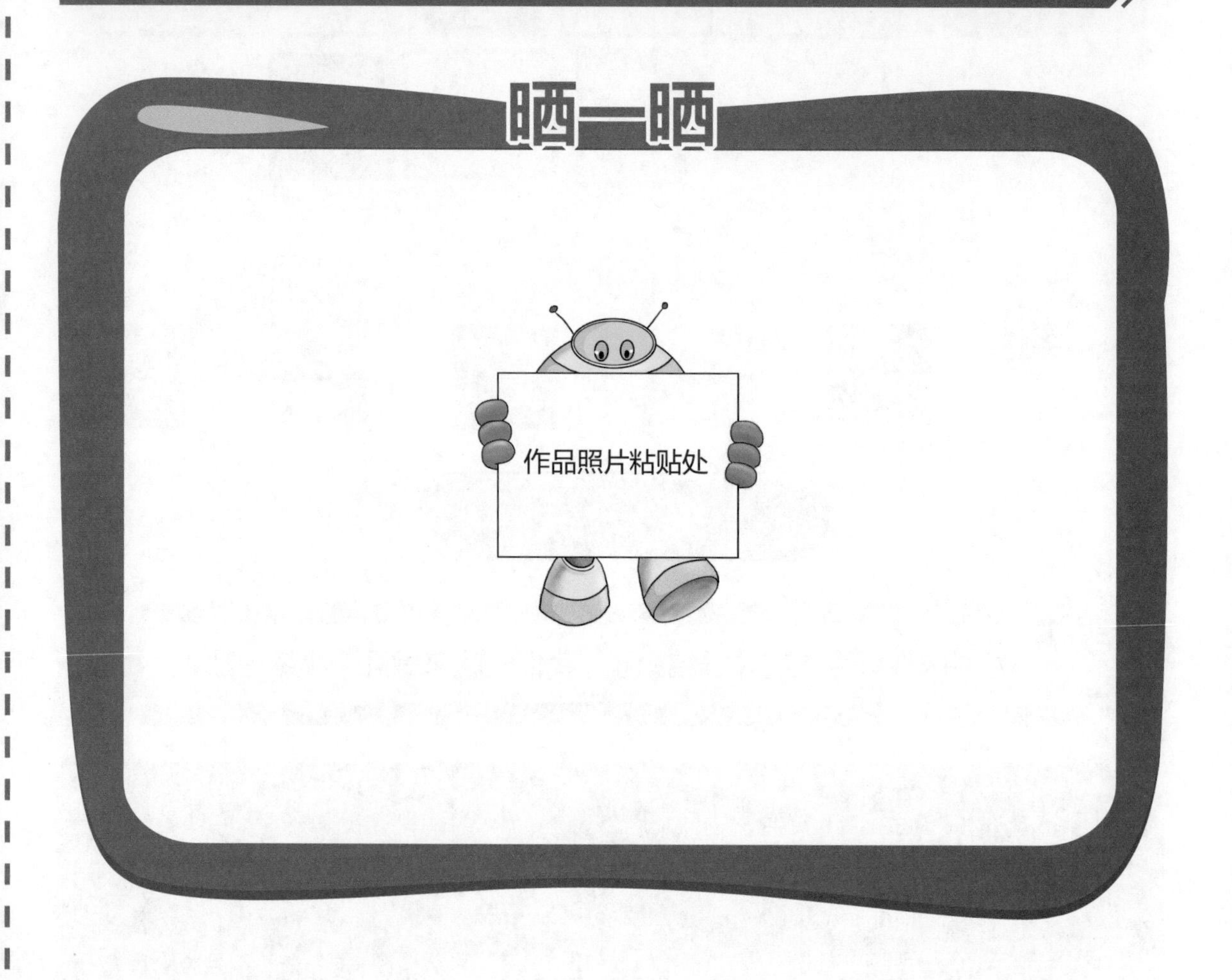

第 29 课 吊车

小朋友们好，我是童童。这节课我们一起搭建一辆吊车，会用到两个电机来搭建和编程：一个电机控制吊台左右旋转；一个电机控制吊车臂上下移动。我们还会学习到蜗轮蜗杆的搭建知识。赶紧开始今天的课程吧！

童童，我们快点搭建吊车吧！

创创，别着急。我先给大家讲一讲吊车的小知识。

吊车小知识

起重机俗称吊车，是一种做循环、间歇运动的机械。一个工作循环包括：吊钩把货物提起，然后将货物吊到指定位置放下货物，接着进行反向运动，使吊钩回到原位，以便进行下一次循环。

吊车有很多种，有塔吊、履带吊车、汽车吊车等。

塔吊

履带吊车

汽车吊车

搭建知识

小朋友们，讲完吊车小知识，我们要开始搭建吊车了，可是我们今天用电机控制吊臂的上下移动，如果没电了，吊在半空中的吊臂会不会掉下来呢？

呃……，那应该怎么办呢？

我们可以用蜗轮蜗杆来解决这个问题，下面我们一起了解一下。

蜗轮蜗杆是一种利用蜗杆转动带动蜗轮转动的传动结构。蜗轮与蜗杆在中间平面内相当于齿轮与齿条。

蜗轮蜗杆机构具有自锁性，可实现反向自锁：即只能由蜗杆带动蜗轮，而不能由蜗轮带动蜗杆。如在起重机械中使用的自锁蜗杆机构，其反向自锁性可起安全保护作用。

任务分析

童童，吊车搭建完了。可是今天的双电机又该怎么编程呢？

别着急，我们先一起分析一下吊车是怎样工作的。

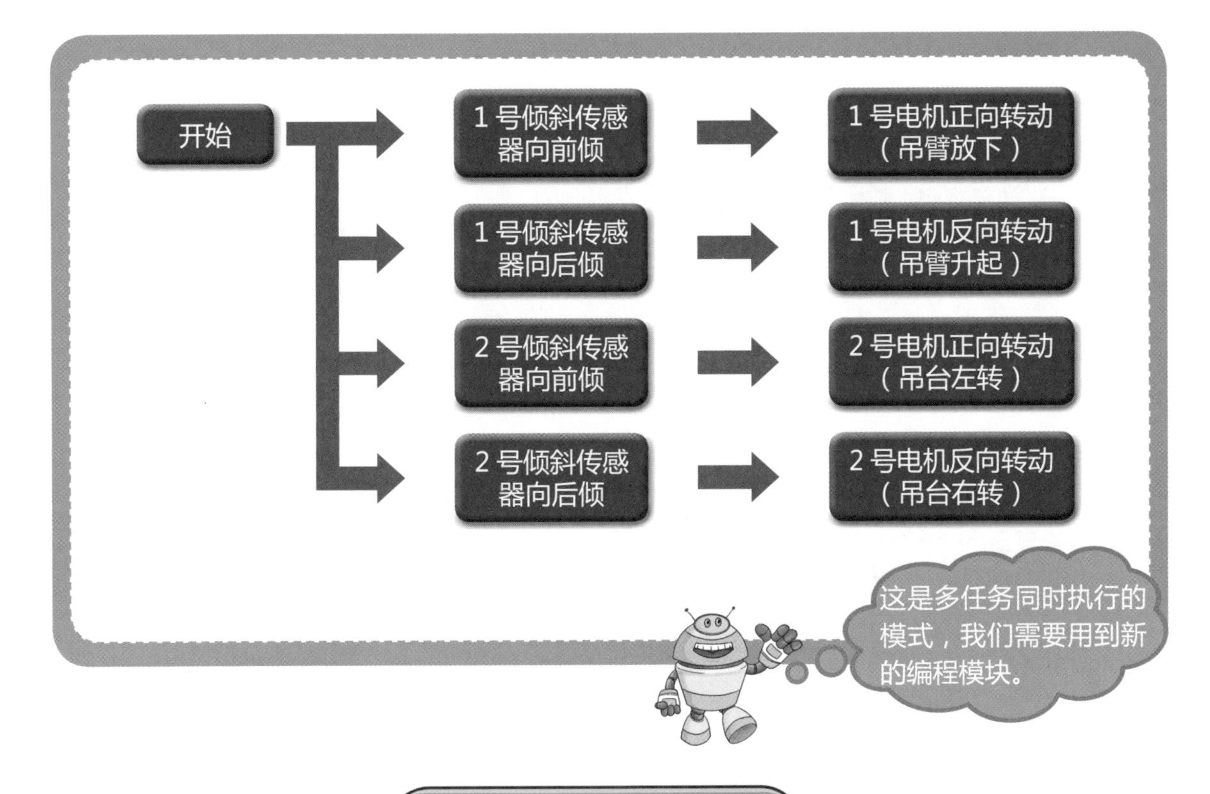

编程知识

小朋友们，根据上面的任务分析和老师的讲解，我们一起了解一下多任务同时执行是如何编程的吧！

我们先用消息模块发出一条消息：比如今天我们一直发出带有“abc”的消息。

同时有四个消息接收模块，当运行程序时都接收到了消息“abc”；每个消息接收模块的后面都有一个等待模块，等待倾斜传感器状态变化。当任一倾斜传感器发生变化时，不同端口的电机向不同方向转动。这就是多任务同时执行的编程。

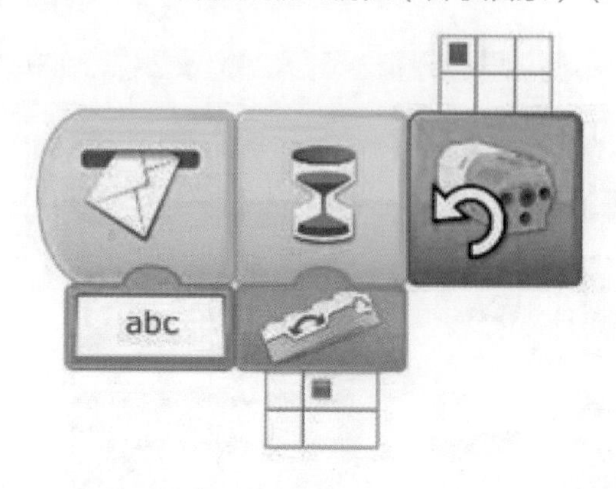

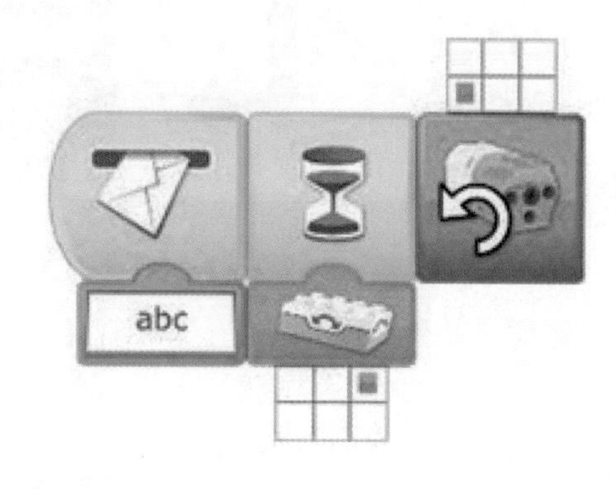

练一练

小朋友们，今天的课程结束了，我们一起来做几个小练习吧！

1. 今天搭建吊车运用了蜗轮蜗杆的哪个特点？（　）

A. 齿轮加速　　B. 反向自锁　　C. 齿条传动

2. 今天我们主要使用了（　）和（　）进行编程，实现多任务的同时执行。

A.

B.

C.

D.

3. 连一连：小朋友们，试一试把下面的吊车和它们的名字连起来。

履带吊车　　汽车吊车　　塔吊

晒 晒

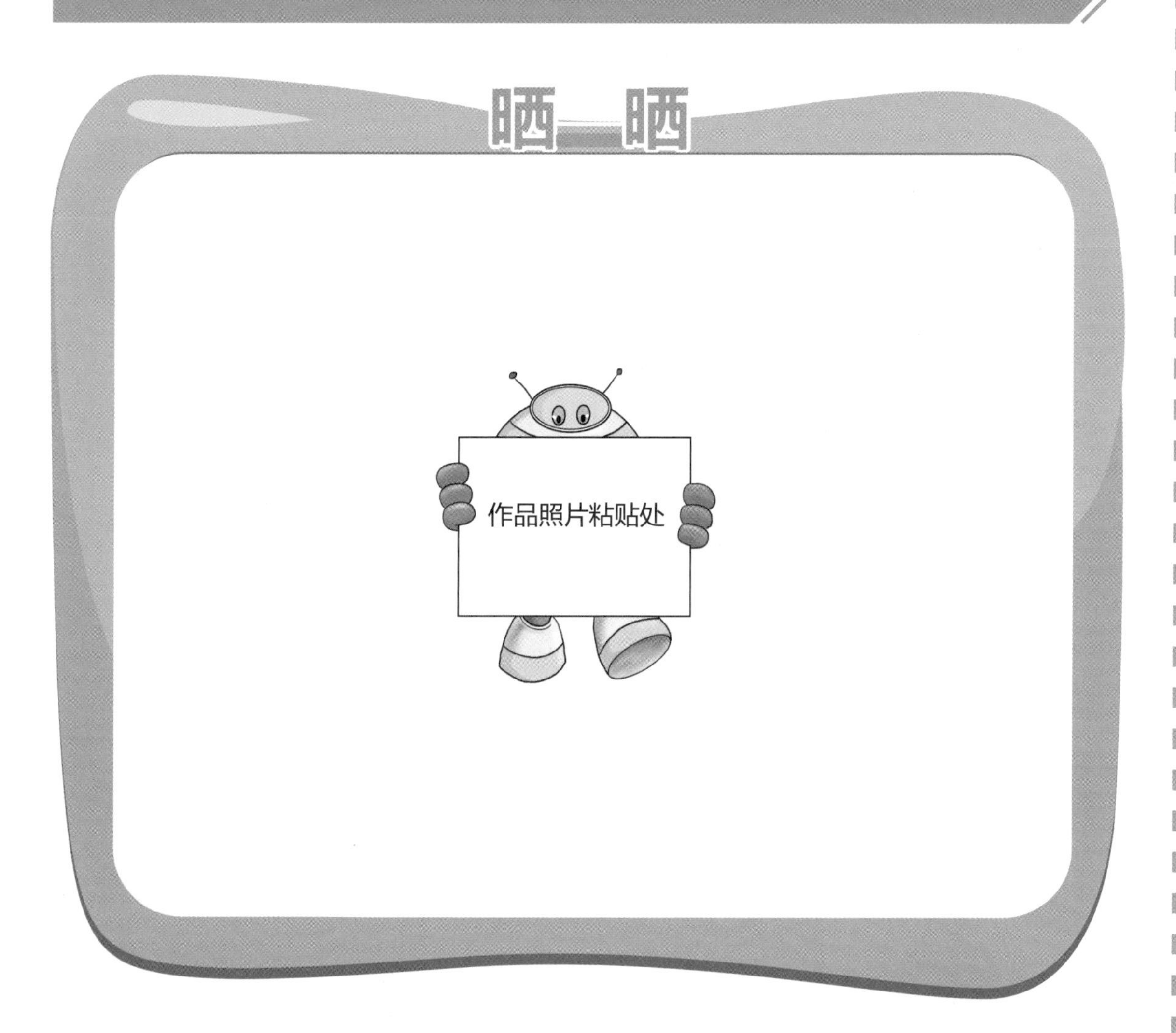

第 30 课 摇头风扇

小朋友们好，这节课我要带大家用教具里面的集线器和电机搭建一台电风扇，还会用到平板电脑来给电风扇编程实现控制风扇的摆动及转速，赶紧开始我们的课程吧！

扩展知识

童童，夏天快到了，炎热的天气真让人受不了，你有什么好的办法消暑吗？

创创，消暑的方法有很多，比如游泳、吃冰激凌、吹风扇等。在家中最常用的方式就是吹电风扇了，关于电风扇你都了解哪些知识呢？

电风扇的发明

1829 年，美国人詹姆斯 • 拜伦从钟表的结构中受到启发，发明了一种可以固定在天花板上，用发条驱动的机械风扇。这种风扇虽能带来凉风，但需要使用者爬上梯子上发条。为了使风扇的使用更加便捷，1880 年，美国人舒乐尝试将叶片直接装在电机上，从而发明了世界上第一台“电风扇”。

搭建知识

小朋友们，了解电风扇的发明史后，大家是不是都想搭建一台属于自己的电风扇呢？创创，你知道今天我们要用到哪个结构让电风扇的“支架”与“底座”相连吗？

这个我知道，我们今天会用到“汉堡包结构”。

没错，“汉堡包结构”可以让“支架”与其垂直固定，再将“汉堡包结构”固定在“底座上”，这样就达到“支架”与“底座”垂直相连的目的。

汉堡包结构

“汉堡包结构”多以“凸点梁”和“薄片”组成，因该结构形似“汉堡包”而取名“汉堡包结构”，其主要作用为将“梁”垂直固定在“汉堡包结构”上。

任务分析

童童，电风扇搭建完了。怎样才能让它同时实现“控制转速”和“摆头”两个功能呢？

先别急，让我们先来分析一下吧！

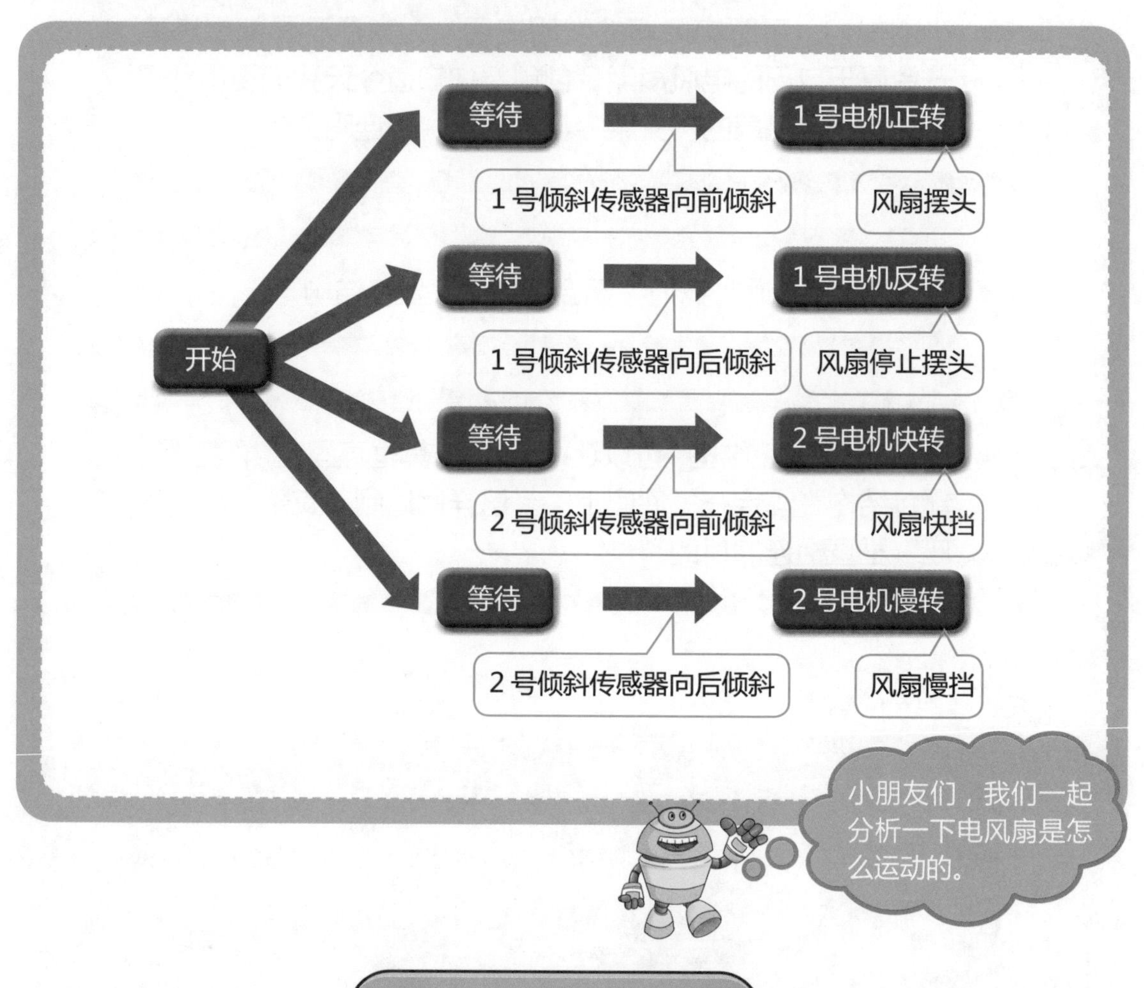

编程知识

小朋友们，根据上面的任务分析和老师的讲解，我们一起把下面的图补充完整吧！

在方框中的括号内填写正确的序号将程序补充完整。

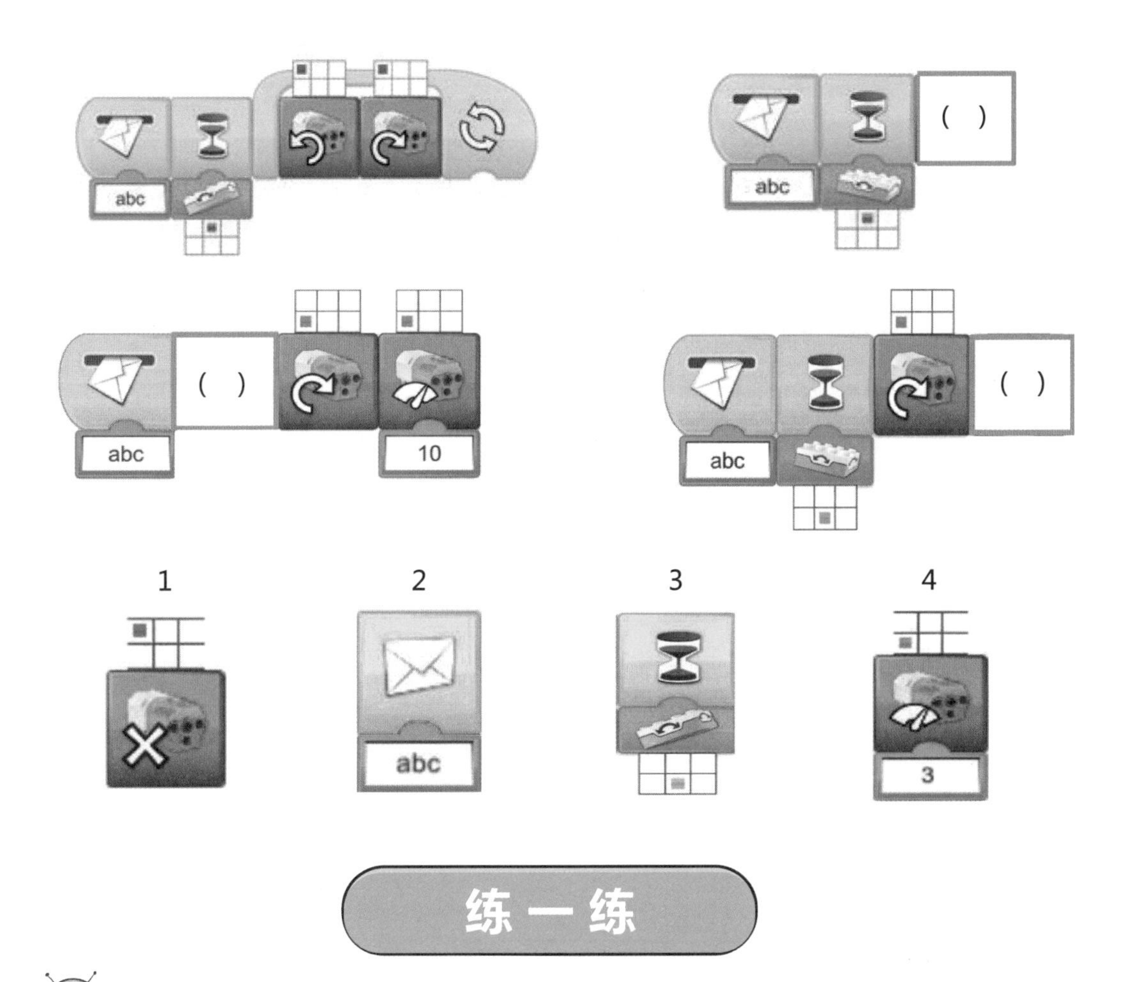

练一练

小朋友们，今天的课程结束了，我们一起来做几个小练习吧！

1. 判断正误：电风扇由美国人舒乐于 1880 年发明。（　　）

2. 搭建本课作品时，风扇的“底座”和“支架”之间的固定主要依靠哪个结构？（　　）

A. 齿轮传动　　B. 杠杆结构　　C. 汉堡包结构　　D. 连杆结构

3. 下图所示本课的程序片段，所代表的意义是（　　）。

A. 风扇摆头　　B. 风扇停止摆头　　C. 风扇快挡　　D. 风扇慢挡

晒一晒

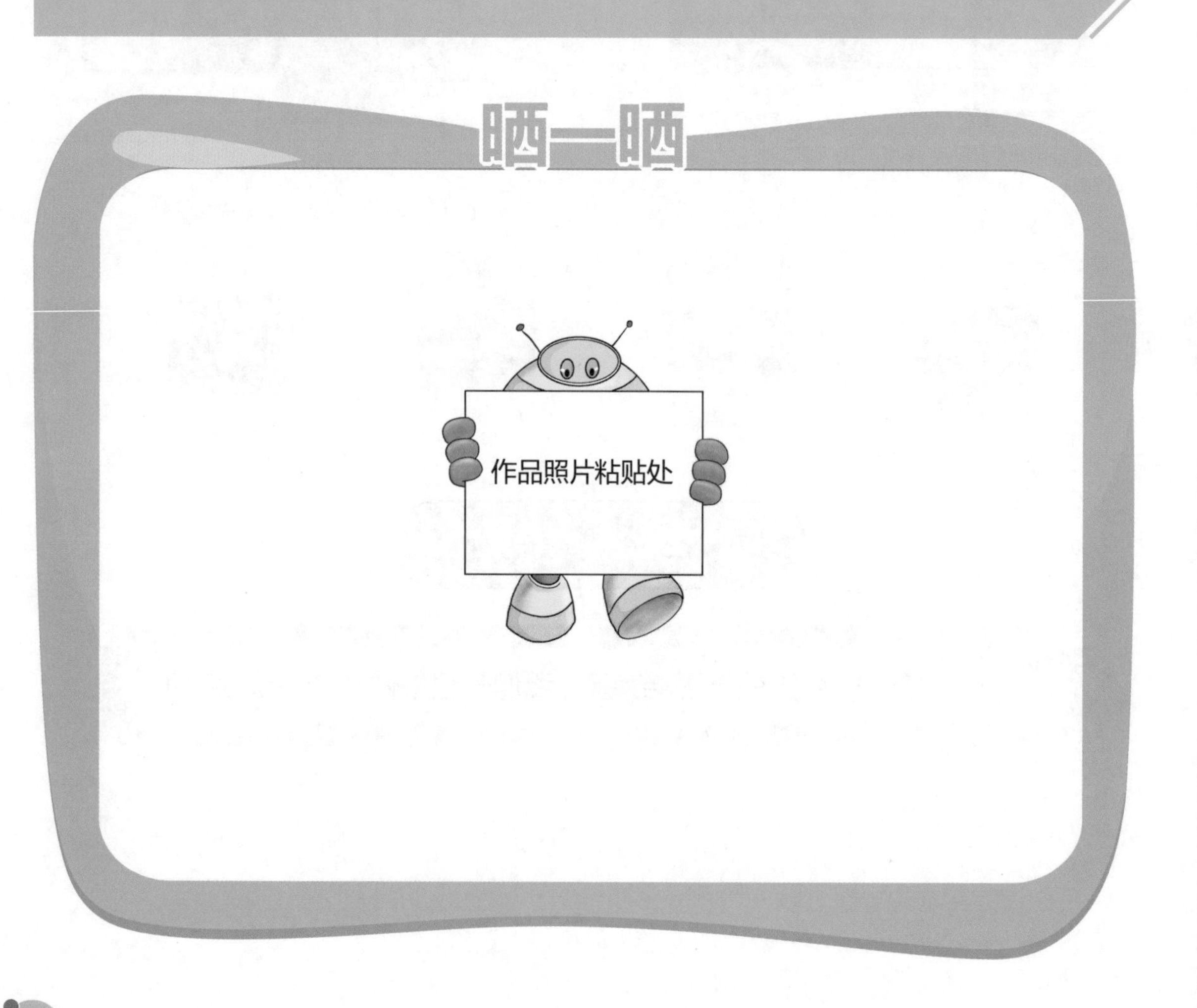

第 31 课 扫地机器人

小朋友们好，很高兴又和大家见面啦！这节课我们会用两个电机和锥齿轮传动原理来搭建一个非常智能的扫地机器人，还会用到双电机编程使机器人动起来，从而实现扫地机器人的功能。好了，不多说了，赶紧开始我们的课程吧！

扩展知识

童童，扫地机器人到底是什么样子的呢？它是如何帮助我们的呢？我好想了解一下呀！

创创，先别着急。接下来我就给大家介绍一下“人类的好帮手”——扫地机器人。

扫地机器人

扫地机器人，又称自动打扫机、智能吸尘器、机器人吸尘器等。是智能家用电器的一种，能凭借一定的人工智能在房间内完成地板清理工作。一般采用刷扫和真空方式，将地面杂物先吸纳进入自身的垃圾收纳盒，从而完成地面的清理功能。一般来说，我们将完成清扫、吸尘、擦地工作的机器人，也统一归为扫地机器人。扫地机器人最早在欧美市场进行销售，随着国内生活水平的提高，逐步进入中国。

搭建知识

童童，扫地机器人在工作时手臂是垂直向下工作的，而我们电机是平行转动的，那我们该如何搭建才能让电机的传动方向发生变化呢？

其实很简单，我们用教具中的锥齿轮来改变齿轮的传动方向就可以啦！

锥齿轮传动

锥齿轮传动是一对锥形齿轮组成的齿轮传动结构，它可以改变齿轮的传动方向。在本节课中我们可以将电机上的小齿轮与锥形齿轮进行传动，从而实现扫地机器人手臂垂直向下的扫地动作。

任务分析

童童，扫地机器人搭建完了，可是它还不能动呢，我们赶紧为它编写程序让它开始打扫卫生吧！

好呀！那在开始编程之前我们要明确一下现在手中有两个电机，一个电机控制机器人进行清扫工作，一个电机控制机器人前行。接下来我们一起来看一下如何分别控制两个电机？

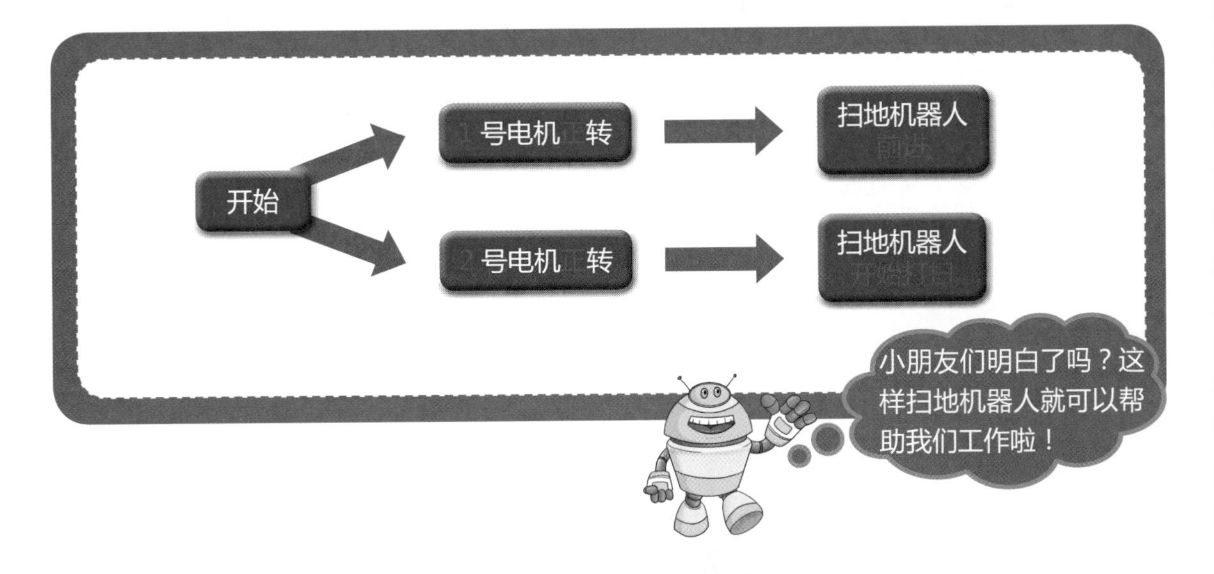

编程知识

小朋友们，根据上面的任务分析和老师的讲解，我们一起把下面的图补充完整吧！

在方框中的括号内填写正确的序号将程序补充完整。

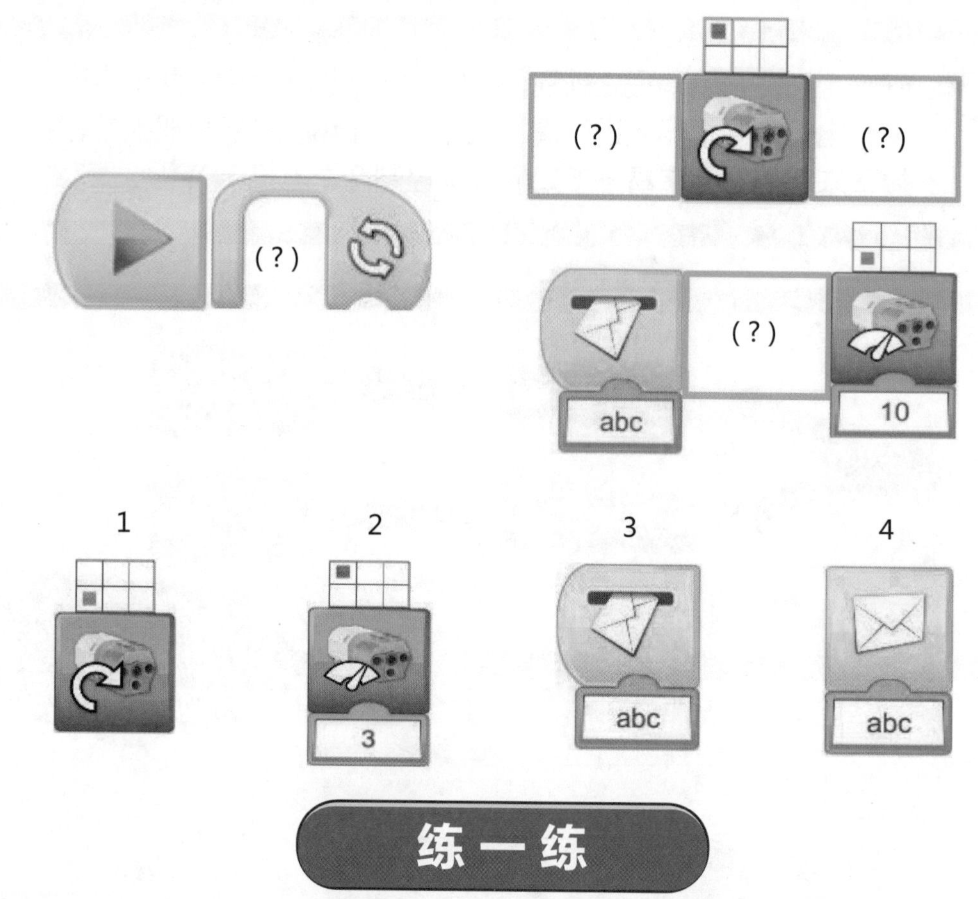

练一练

小朋友们，今天的课程结束了，我们一起来做几个小练习吧！

1. 关于扫地机器人的说法，下列选项正确的是？（　）
A. 可以扫地、拖地、吸尘
B. 可以净化空气杀菌
C. 以上说法都正确
2. 关于锥齿轮传动，下列说法正确的是？（　）
A. 锥齿轮传动是特殊的传动，不属于齿轮传动
B. 锥齿轮传动可以改变传动方向和传动速度
C. 锥齿轮只可以改变传动方向不能改变传动速度

3. 下列图片中，哪个用到了锥齿轮传动？（　　）

A. 

B. 

C. 

晒一晒

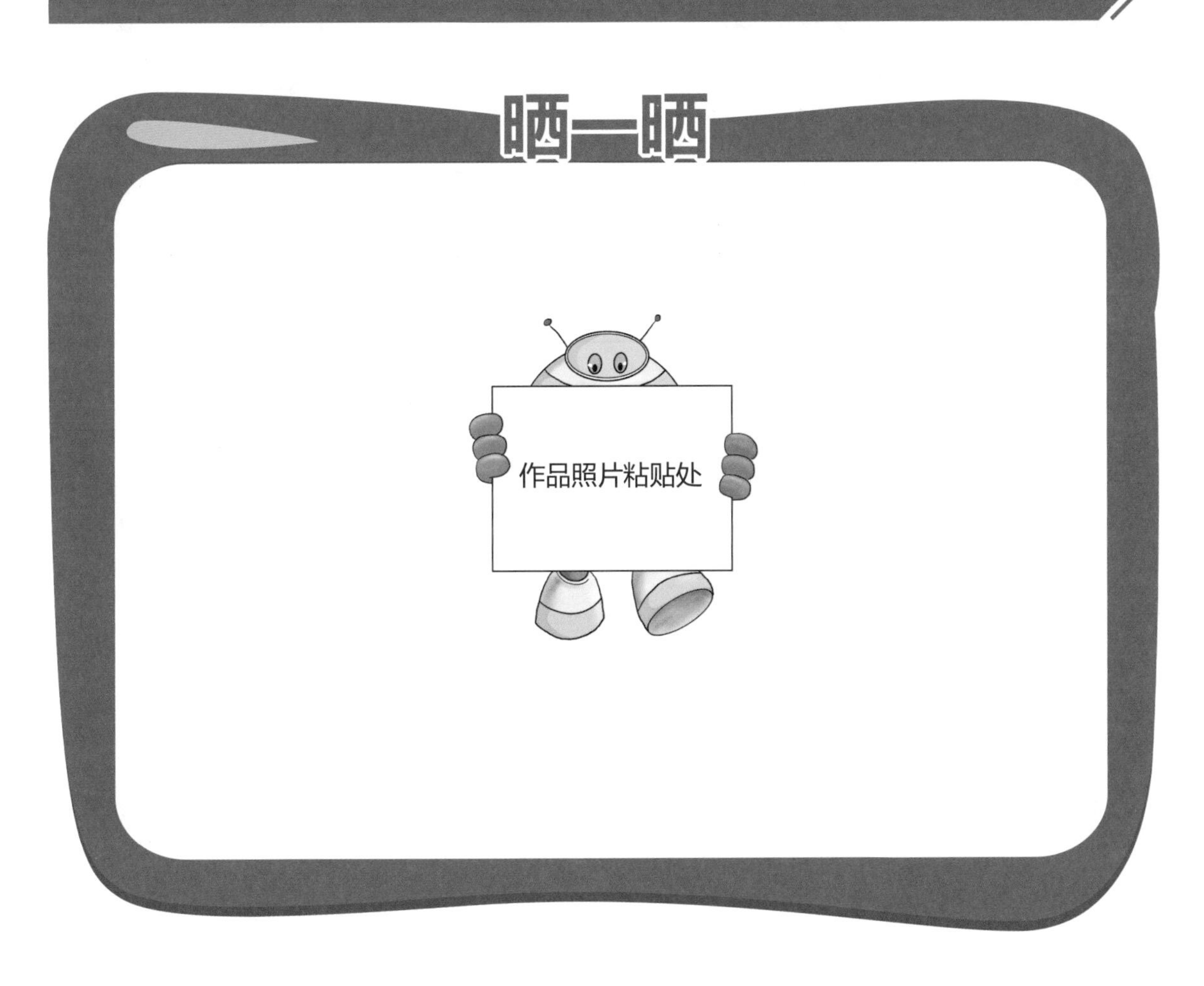

第 32 课 草坪理发师

小朋友们好，很高兴又和大家见面啦！这节课我要带着大家搭建一个带有 2 个电机、2 个集线器和 2 个倾斜传感器的割草机。它可以修剪植被、草坪，是除草工人的好帮手。我们会用到双电机编程来使割草机动起来。好了，不多说了，赶紧开始我们的课程吧！

扩展知识

童童，我们家里的院子真是杂草丛生呀，该修剪修剪这些杂乱的草坪啦！可是，这工作量太大了，该怎么办呢？

创创，仔细观察一下，我们在学校或公园是不是经常见到剪草工人用割草机来修剪草坪呢？所以，今天也可以用割草机来帮助我们修剪草坪呀！

对呀，我怎么没想到呢！经过割草机修剪过的草坪简洁美观，为我们生活带来了很多便利和乐趣。那么割草机的基本结构是什么，它又是如何工作的呢？我们一起来了解一下吧！

割草机

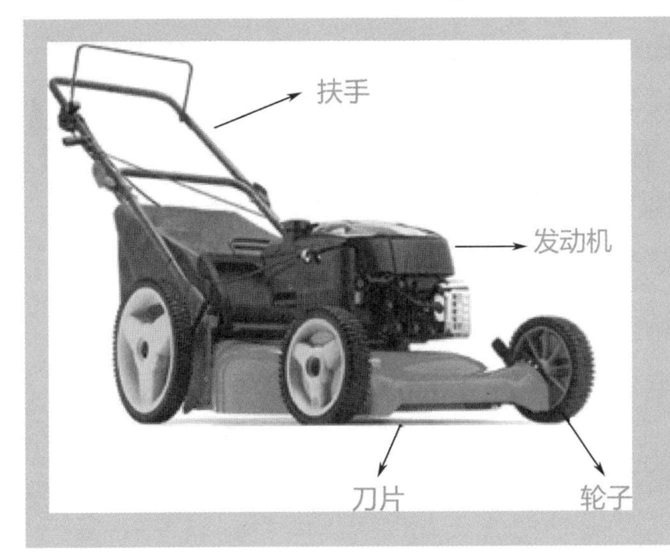

割草机又称剪草机、除草机、草坪修剪机等，是一种用于修剪草坪，植被等的机械工具。它由轮子、发动机、扶手和隐藏在割草机下面的刀片组成。刀片利用发动机的高速旋转，动力十足，节省了除草工人的工作时间，减少了大量的人力资源，是除草工人的好帮手。

搭建知识

哇塞，割草机真的好棒，可以提高除草工人的工作效率。可是它看起来好复杂啊，该如何搭建才能让割草机一边前行一边工作呢？

哈哈，它只是看起来复杂，其实很简单。在搭建的过程中我们会用到之前学过的皮带传动，我们一起来看一下吧！

皮带传动

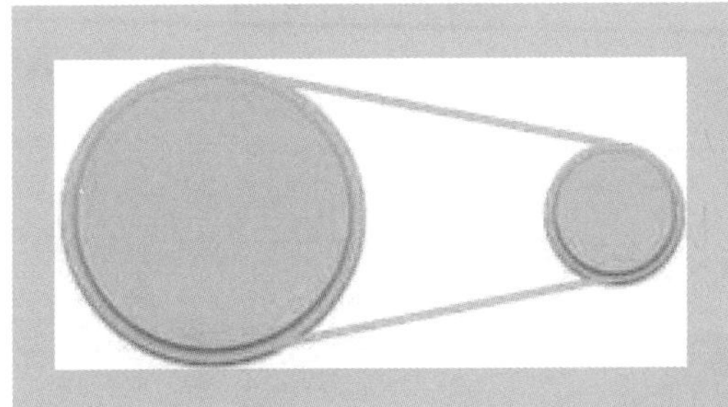

我们可以把其中一个电机与割草机的轮子使用皮带传动连接到一起，给割草机提供动力；另一个电机用来安装割草机的刀片，当电机转动时刀片也会一起旋转，进行草坪的修剪，这样我们就能实现割草机一边前行一边剪草啦！

任务分析

童童，割草机搭建完了。我们知道割草机有 2 个传感器和 2 个电机，那么我们如何编程才能让割草机工作起来呢？

首先我们要明确 1 号电机是控制车子向前进的，2 号电机是控制刀片高速转动的；1 号传感器可以识别前倾和后倾，2 号传感器可以识别左倾和右倾。接下来我们一起来看一下该如何编程。

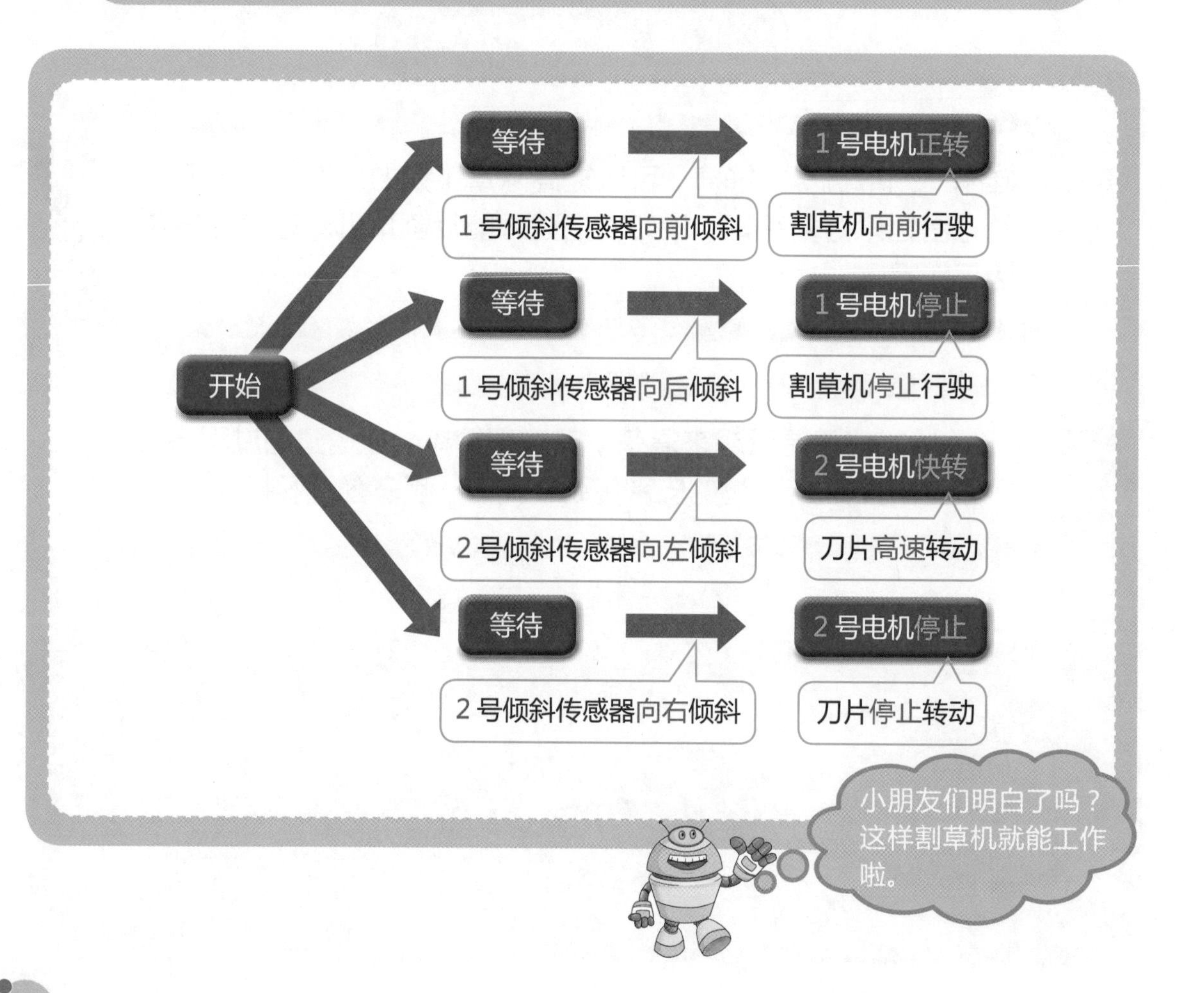

编程知识

小朋友们，根据上面的任务分析和老师的讲解，我们一起把下面的图补充完整吧！

方框中填写正确的序号将程序补充完整。

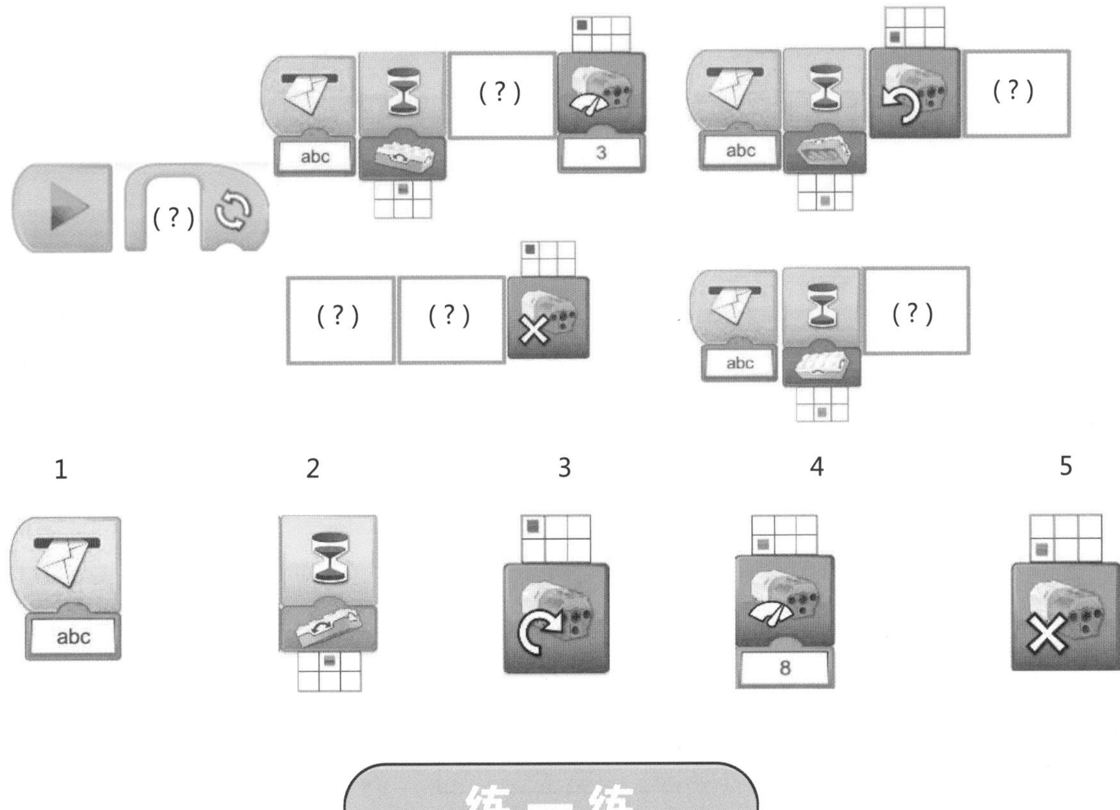

练一练

小朋友们，今天的课程结束了，我们一起来做几个小练习吧！

1. 下列哪个选项不属于定期修剪草坪的好处？（　　）

A. 使草坪整洁美观　　B. 促进草坪新陈代谢

C. 抑制杂草入侵　　D. 除虫

2. 本节课的搭建中，我们是用什么原理使电机带动轮子转起来的呢？（　　）

A. 齿轮传动　　B. 皮带传动　　C. 电机直接带动轮子转动

3. 小朋友，试着说一说这两个程序模块的区别吧！

晒一晒

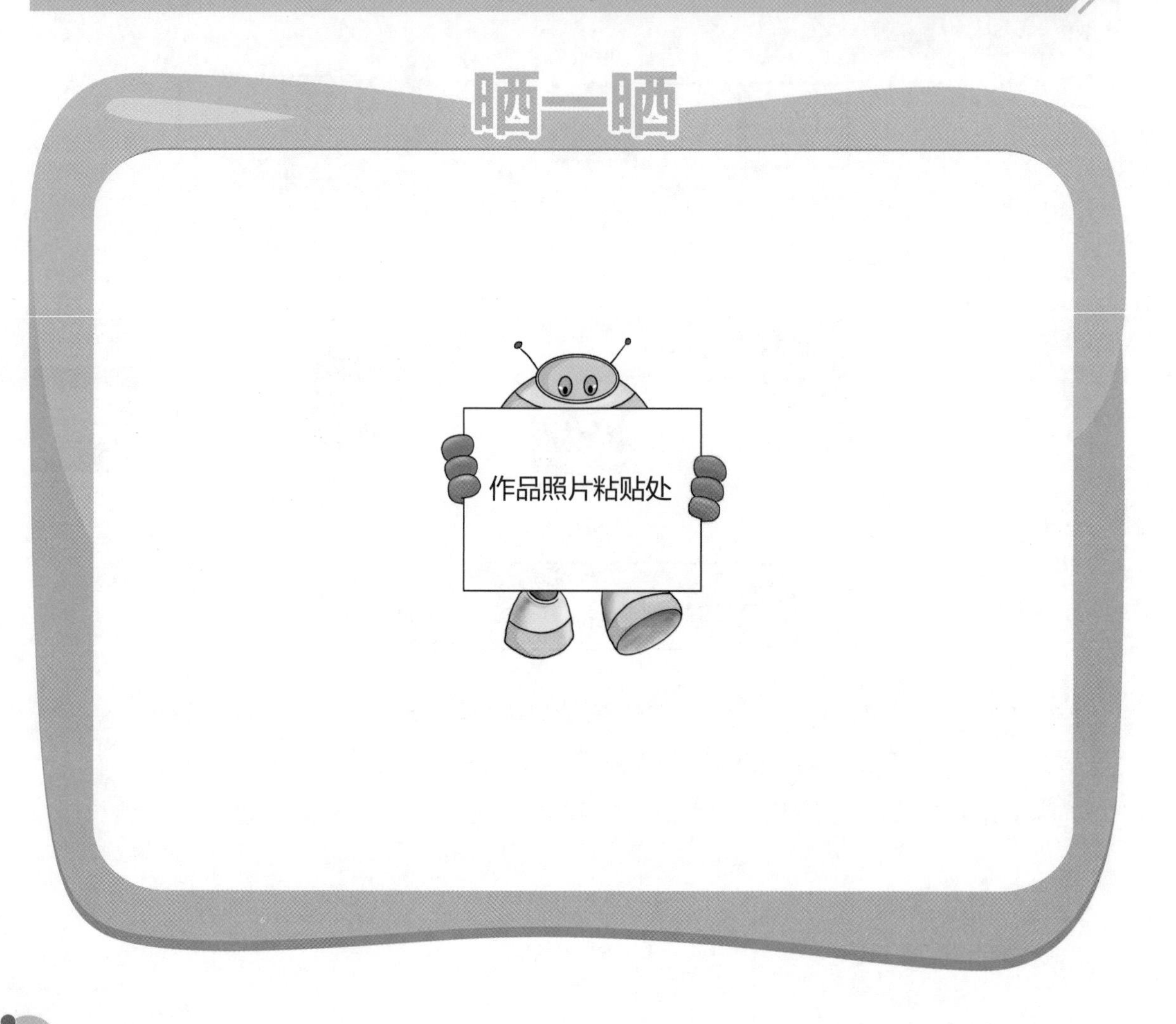

参考答案

第 17 课　苏醒的巨人
1.B　2.C　3.B

第 18 课　叉车
1.C　2.B
3.

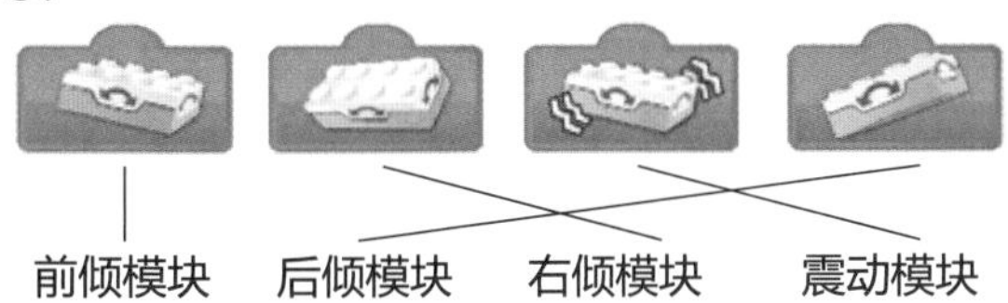

第 19 课　爬坡小车
1.B　2.A　3.DB

第 20 课　开合桥
1.C　2.D　3. 循环　等待

第 21 课　大地震
1.D　2.C
3.

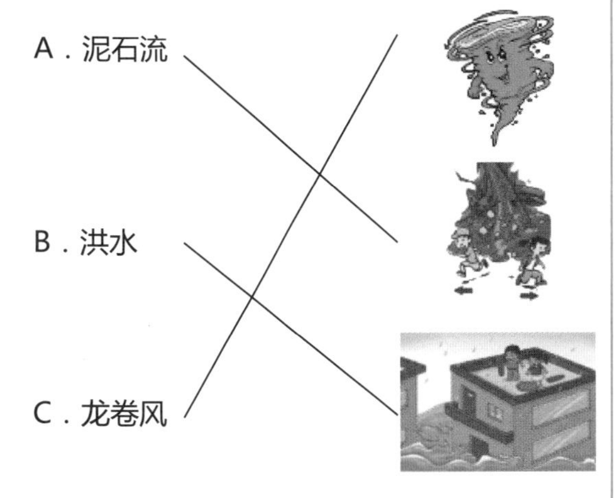

第 22 课　火车
1.C　2.B
3.

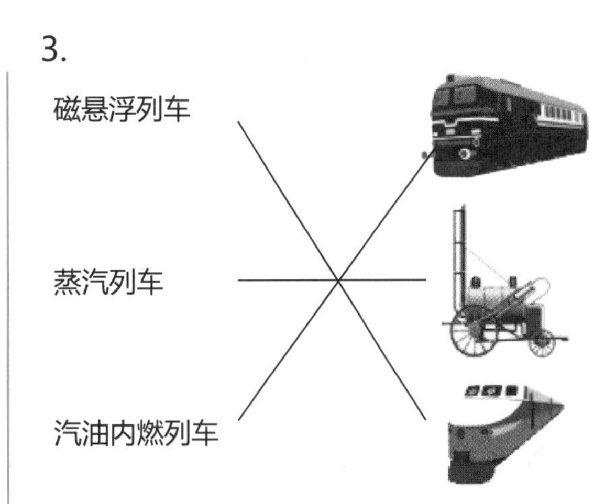

第 23 课　攻城车
1.D　2.C
3.

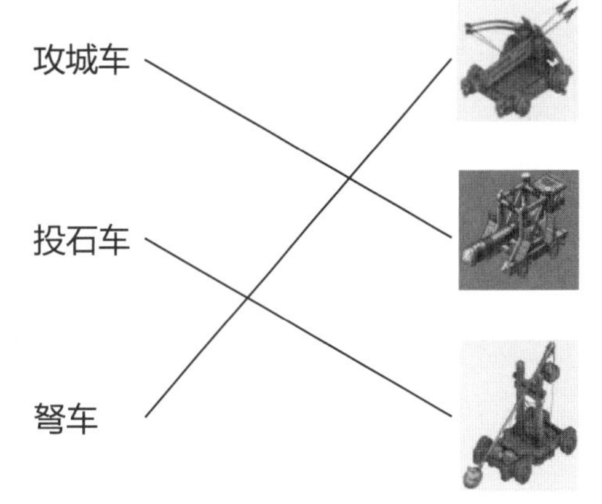

第 24 课　暴风雨中的小船
1.D　2.B　3.D

第 25 课　毛毛虫
1.B　2.B　3.D

第 26 课　计数器
1.B　2.A

3.

第 27 课　螳螂

1.C　2.C　3.A

第 28 课　转弯小车

1. 将下列相对应的选项连接起来。

左侧轮子同时转动　　小车前行

右侧轮子同时转动　　小车左转

前后轮子同时转动　　小车右转

2.B　　3.A

第 29 课　吊车

1.B　2.BD

3.

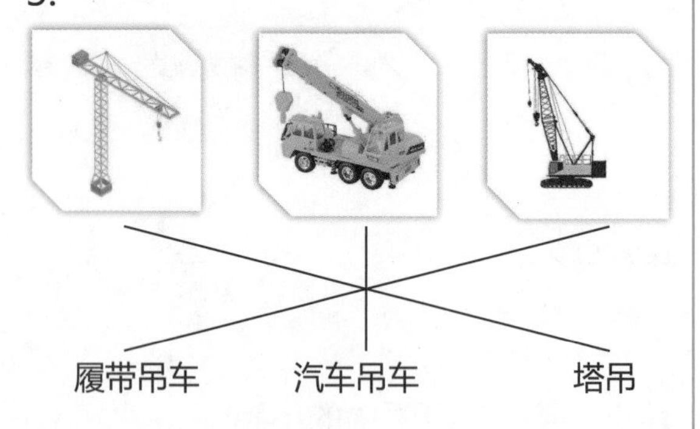

第 30 课　摆头风扇

1. √　2.C　3.D

第 31 课　扫地机器人

1.A　2.B　3.A

第 32 课　草坪理发师

1.D　2.B

3. 第一个是接收信息　第二个是发送信息